SAMMLUNG GÖSCHEN BAND 78

EINFÜHRUNG IN DIE THEORETISCHE PHYSIK

BAND III

OPTIK

von

DR.-ING. WERNER DÖRING
o. Professor an der Justus-Liebig-Universität Gießen

Mit 32 Abbildungen

Zweite, verbesserte Auflage

WALTER DE GRUYTER & CO.
vormals G. J. Göschen'sche Verlagshandlung · J. Guttentag, Verlagsbuchhandlung · Georg Reimer · Karl J. Trübner · Veit & Comp.
BERLIN 1963

Die Gesamtdarstellung umfaßt folgende Bände:

Band I: Mechanik (Band 76)
Band II: Das elektromagnetische Feld (Band 77)
Band III: Optik (Band 78)
Band IV: Thermodynamik (Band 374)
Band V: Statistische Mechanik (Band 1017)

Archiv-Nr. 7740632

Satz und Druck: Walter de Gruyter & Co., Berlin 30

Printed in Germany

Inhaltsverzeichnis

Verzeichnis einiger einschlägiger Werke

a) Werke über das Gesamtgebiet der theoretischen Physik

H. v. Helmholtz: *Vorlesungen über theor. Physik* (6 Bände). Bd. V: *Elektromagnetische Theorie des Lichtes*, herausgegeben von A. König und C. Runge, Hamburg und Leipzig, 1897.

F. Hund: *Theoretische Physik* (3 Bände). Bd. II: *Theorie der Elektrizität und des Lichtes. Relativitätstheorie.* Stuttgart 1957.

G. Joos: *Lehrbuch der theor. Physik.* 10. Aufl. Frankfurt a. M. 1959.

G. Kirchhoff: *Vorlesungen über math. Physik* (4 Bände). Bd. II: *Math. Optik*, herausgegeben von K. Hensel, Leipzig 1891.

L. Page: *Introduction to theor. Physics*, 3. Aufl. Toronto, New York, London 1952.

M. Planck: *Einführung in die theor. Optik*, Leipzig 1927 (und vier weitere Bände).

Cl. Schäfer: *Einführung in die theor. Physik* (3 umfangreiche, z. T. mehrteilige Bände), Bd. 3, 1. Teil: *Elektrodynamik und Optik.* 2. Aufl. Berlin und Leipzig 1949.

A. Sommerfeld: *Vorlesungen über theor. Physik* (6 Bände), Bd. 4: *Optik.* Wiesbaden 1950.

W. Weizel: *Lehrbuch der theor. Physik* (2 Bände), 2. Aufl. Berlin, Göttingen, Heidelberg 1955.

b) Beiträge zu Handbüchern

Encyklopädie der math. Wissenschaften, Bd. V, 3. Teil: *Optik*, redig. von A. Sommerfeld, 1909—1926 (viele verschiedene Verfasser).

Handbuch der Experimentalphysik, herausgegeben von W. Wien und F. Harms, Leipzig 1927—1930.

Bd. 18: K. F. Bottlinger, R. Ladenburg, M. v. Laue, H. Schulz: *Wellenoptik und Polarisation.*

Bd. 20: 1. Teil: A. König: *Physiologische Optik.*

Bd. 20: 2. Teil: A. König: *Geometrische Optik.*

Handbuch der Physik, herausgegeben von H. Geiger und K. Scheel, Berlin 1927—1929.

Bd. 18: *Geometrische Optik, Optische Konstanten, Optische Instrumente.*

Bd. 19: *Herstellung und Messung des Lichtes.*

Bd. 20: *Licht als Wellenbewegung.*

(Viele verschiedene Verfasser.)

Handbuch der Physik, herausgegeben von S. Flügge. Berlin, Göttingen, Heidelberg.

Bd. 24: *Grundlagen der Optik.* 1956.

Bd. 25, 1: *Kristalloptik. Beugung.* 1961.

Müller-Pouillets *Lehrbuch der Physik*, 11. Aufl., herausgegeben von A. Eucken, O. Lummer, E. Waetzmann; 2. Band: *Die Lehre von der strahlenden Energie (Optik)* (3 Teilbände, verschiedene Verfasser). Braunschweig 1926—1929.

Handbuch der physikalischen Optik, herausgeg. von E. Gehrke (zwei Bände, viele Verfasser). Leipzig 1927.

c) Einzelwerke über Optik

E. Abbe: *Die Lehre von der Bildentstehung im Mikroskop*, Braunschweig 1910.

M. Berek: *Grundlagen der praktischen Optik.* Berlin, Leipzig 1930.

M. Born, E. Wolf: *Principles of Optics*, London, New York, Paris, Los Angeles 1959.

P. Drude: *Lehrbuch der Optik*, 3. Aufl. Leipzig 1912.

H. Falkenhagen: *Optik*, Stuttgart 1949.

S. Flügge: *Theor. Optik*, Wolfenbüttel 1949.

K. Försterling: *Lehrbuch der Optik*, Leipzig 1928.

N. H. Frank: *Introduction to electricity and optics*, New York, Toronto, London 1950.

R. W. Pohl: *Optik und Atomphysik*, 10. Aufl. 1958.

§ 1. Die verschiedenen Theorien des Lichtes

Die Theorie von der Ausbreitung des Lichtes ist in den letzten drei Jahrhunderten mehrmals grundlegend umgestaltet worden. Nachdem I. Newton im Jahre 1687 die Grundgesetze der Mechanik aufgestellt hatte, versuchte er, dieselben Gesetze auch auf das Licht anzuwenden. Er nahm an, daß jede Lichtquelle kleine Lichtteilchen aussendet, deren Bahnen, die sog. Lichtstrahlen, den gleichen Gesetzen wie die Bahnen makroskopischer Körper genügen. Tatsächlich kann man das Verhalten des Lichtes mit diesem Modell weitgehend in Übereinstimmung mit der Erfahrung beschreiben. Deshalb schlossen sich im 18. Jahrhundert die meisten Physiker dieser Vorstellung Newtons an. Am Anfang des 19. Jahrhunderts zeigten jedoch der englische Arzt Th. Young und der französische Physiker A. J. Fresnel, daß diese korpuskulare Lichttheorie nicht mit allen Beobachtungen verträglich ist und daß Licht Welleneigenschaften besitzt. Das hatte schon Chr. Huyghens zu Lebzeiten von Newton behauptet. Zunächst dachte man dabei an elastische Wellen in einem hypothetischen Lichtäther. Auf dieser Basis versuchte man durch Ausgestaltung einer elastischen Lichttheorie wiederum, die Gesetze der Lichtausbreitung auf die der Mechanik zurückzuführen.

In der zweiten Hälfte des vorigen Jahrhunderts entwickelte dann J. Cl. Maxwell die elektromagnetische Lichttheorie, welche später von H. Hertz experimentell als richtig erwiesen wurde. Nach dieser Theorie besteht Licht aus rasch veränderlichen elektrischen und magnetischen Feldern, die von schwingenden elektrischen Ladungen in den Atomen und Molekülen erzeugt werden. Ihre Ausbreitung wird durch das Mitschwingen der elektrischen Ladungen in den vom Licht getroffenen Körpern beeinflußt. Erst diese Theorie konnte die Intensitätsverteilung des Lichtes bei Reflexion und Brechung und das Auftreten von zwei Lichtbündeln an doppelbrechenden Kristallen vollständig und ohne Zusatzhypothesen verständlich machen.

In diesem Jahrhundert zeigte sich schließlich, daß auch die Maxwellsche Lichttheorie nicht alle Eigenschaften des Lichtes richtig wiedergibt. Bei Absorptions- und Emissionsvorgängen verhält sich Licht vielmehr wie eine Teilchenstrahlung aus sog. Lichtquanten (A. Einstein, 1905). Eine mathematisch widerspruchsfreie Theorie, die sowohl die Welleneigenschaften als auch die korpuskularen Eigenschaften des Lichtes richtig beschreibt, wurde erst 1928 von P. A. M. Dirac aufgestellt.

Die älteren Theorien des Lichtes sind demnach im Prinzip als überholt anzusehen. Trotzdem wollen wir uns hier auch mit ihnen befassen, denn innerhalb gewisser Grenzen sind ihre Ergebnisse richtig. Wir wollen zunächst die geometrische Optik behandeln (§ 2–10). Bei ihr wird die Lichtverteilung durch Berechnung der Lichtstrahlen ermittelt. Aus der Wellentheorie des Lichtes folgt, daß die Aussagen dieser Theorie immer dann richtig sind, wenn die charakteristischen Welleneigenschaften des Lichtes, die Beugung und Interferenz (§ 13–21) keine Rolle spielen. Die Wellentheorie des Lichtes ist umfassender als die geometrische Optik, denn sie liefert auch dann noch richtige Ergebnisse, wenn die geometrische Optik versagt. Innerhalb des Gültigkeitsbereiches der geometrischen Optik ist jedoch die einfachere Methode der geometrischen Berechnung der Lichtstrahlen vorzuziehen, weil sie auch noch auf komplizierte Fälle angewandt werden kann. Es ist daher nicht widersinnig, daß die Blütezeit der geometrischen Optik, die Zeit ihrer lebhaftesten Entwicklung, erst in die zweite Hälfte des vorigen Jahrhunderts fällt, also in eine Zeit, in der kein Physiker mehr ihre Ansätze für allgemein gültig hielt.

Ähnlich werden wir auch bei der Wellentheorie des Lichtes vorgehen. Wir werden zunächst eine vereinfachte Wellentheorie behandeln, bei der der Zustand der Welle durch eine skalare Lichterregung beschrieben wird (§ 11). Das ist nur bei Schallwellen in Gasen und Flüssigkeiten streng richtig, nicht beim Licht. Die elektromagnetische Lichttheorie zeigt aber (§ 22), daß jede Komponente der elektrischen und magnetischen Feldvektoren in einer Lichtwelle derselben Differentialgleichung genügt wie die Lichterregung der skalaren Wellentheorie. Daher reicht diese einfache Wellentheorie zur Deutung der meisten Beugungs- und Interferenzerscheinungen aus. Die vollständige elektromagnetische Lichttheorie werden wir erst bei denjenigen

Erscheinungen heranziehen, bei denen die Kopplung zwischen den elektrischen und magnetischen Feldern in der Lichtquelle wesentlich ist, nämlich bei der Reflexion (§ 24—27) und der Doppelbrechung (§ 28). Auf die Diracsche Quantenmechanik der elektromagnetischen Strahlung können wir im Rahmen dieses Buches nicht eingehen, weil sie zu große mathematische Hilfsmittel erfordert. Da die quantenmechanischen Mittelwerte über viele Atome und Lichtquanten den klassischen Gesetzen genügen, also beim Licht den Gesetzen der elektromagnetischen Lichttheorie, benötigt man die Quantenmechanik bei der Betrachtung der makroskopischen Erscheinungen nicht.

I. Geometrische Optik

§ 2. Das Brechungsgesetz

Läßt man das Licht einer sehr kleinen Lichtquelle durch eine kleine Öffnung in einen sonst dunklen Raum hineinfallen, so beobachtet man dort Helligkeit nur innerhalb eines dünnen und ziemlich scharf begrenzten kegelförmigen Volumens, welches von der Eintrittsöffnung ausgeht. Angenähert kann man die Lage dieses Lichtbündels durch eine Linie in seiner Achse kennzeichnen. Diese bezeichnet man als Lichtstrahl. In Wirklichkeit ist der Verlauf eines Lichtstrahles nicht exakt festzulegen. Wenn man die Ausdehnung der Lichtquelle und der Eintrittsöffnung immer weiter verkleinert, wird zwar zunächst das Lichtbündel immer schmaler und schärfer, aber der Grenzfall eines unendlich schmalen Lichtbündels ist nicht zu verwirklichen. Bei zu kleiner Öffnung verbreitert sich das Lichtbündel wieder infolge Beugung (vgl. § 19). In einem Lichtbündel, welches von einer ausgedehnten Lichtquelle herrührt und nicht durch allzu enge Blenden begrenzt wird, erhält man jedoch angenähert die richtige Lichtverteilung durch Überlagerung von sehr vielen schmalen Lichtbündeln, von denen jedes einzelne in seinem Verlauf durch einen Lichtstrahl gegeben ist.

Das Experiment liefert die folgenden Aussagen über den Verlauf eines Lichtstrahles: In einem homogenen Medium sind die Lichtstrahlen Geraden. An der Oberfläche zwischen zwei verschiedenen durchsichtigen Medien spaltet der einfallende Lichtstrahl in zwei Strahlen auf, den reflektierten Strahl, der ins erste Medium zurückläuft, und den gebrochenen Strahl, der ins zweite Medium eintritt. Alle drei Strahlen und die Normale auf der Oberfläche an der Stelle, wo der einfallende Strahl auftrifft, liegen in einer Ebene. Der reflektierte Strahl und der einfallende Strahl bilden den gleichen Winkel mit der Oberflächennormalen:

$$\alpha_e = \alpha_r \tag{1}$$

(vgl. Abb. 1). Die Winkel α_e und α_d zwischen dem einfallenden bzw. durchlaufenden Strahl und der Oberflächennormalen genügen der Beziehung

$$\frac{\sin \alpha_e}{\sin \alpha_d} = \frac{n_2}{n_1}. \tag{2}$$

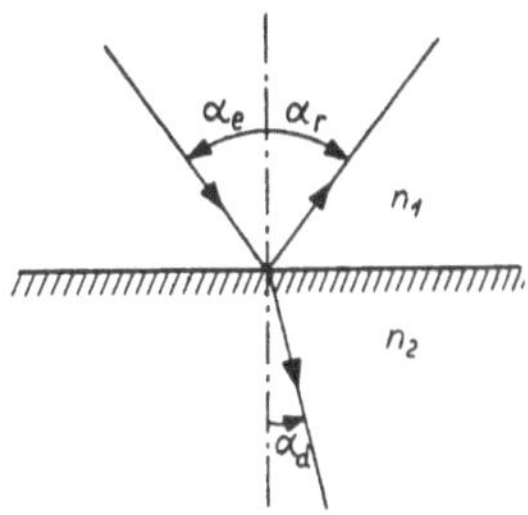

Abb. 1. Zum Brechungs- und Reflexionsgesetz.

Darin sind n_1 und n_2 zwei Materialkonstanten, die von den Eigenschaften der beiden Medien abhängen und als ihre Brechungsindizes bezeichnet werden. Da im Brechungsgesetz (2) nur der Quotient der Brechungsindizes vorkommt, kann man den Brechungsindex irgendeines Mediums willkürlich festsetzen. Man setzt für das Vakuum $n = 1$. Die Brechungsindizes sind dimensionslose Zahlen. Von zwei Medien bezeichnet man dasjenige mit dem größeren Brechungsindex als das optisch dichtere Medium, dasjenige mit dem kleineren n als das optisch dünnere. Der Lichtstrahl im optisch dichteren Medium bildet nach (2) den kleineren Winkel mit der Oberflächennormalen. Das Brechungsgesetz (2) wurde im Jahre 1621 von W. Snell entdeckt.

Das Brechungsgesetz genügt zur vollständigen Berechnung des Verlaufes eines Lichtstrahles, auch dann, wenn der Brechungsindex sich stetig mit dem Ort ändert. Man ersetzt dann die wirkliche Verteilung von n näherungsweise durch eine unstetige, bei der sich der Brechungsindex an vielen dicht beieinander liegenden Flächen sprunghaft ändert und zwischen ihnen konstant ist. Nach Ermittlung des Strahlenganges in diesem geschichteten Medium vollzieht man den Grenzübergang zu unendlich vielen und unendlich kleinen Sprüngen des Brechungsindex. Als Beispiel betrachten wir den Strahlengang in der Erdatmosphäre unter Vernachlässigung der Erdkrümmung. Der Brechungsindex ist dann eine stetige Funktion der Höhe. Statt dessen rechnen wir zunächst mit einer unstetigen Verteilung, bei der die Sprungstellen parallele horizontale Ebenen sind. Nach (2) ist das Produkt aus dem Brechungsindex und dem Sinus des Winkels α zwischen der Vertikalen und dem Lichtstrahl auf beiden Seiten jeder Unstetigkeitsfläche gleich. In den Schichten dazwischen, in denen n konstant ist, ist $n \sin \alpha$ auch konstant. Daher gilt längs des ganzen Strahles

$$n \sin \alpha = \text{konst.} \tag{3}$$

Diese Formel gilt für jede Verteilung der Sprungstellen, also auch für die stetig gekrümmten Lichtstrahlen in der ungestörten ebenen Atmosphäre. Daraus ergibt sich die Ablenkung des Lichtes eines Sternes infolge Strahlenbrechung. Ist α_∞ der Winkel zwischen Lichtstrahl und Vertikalen in großer Höhe, wo $n = 1$ ist, so erhält man für den entsprechenden Winkel α_0 am Boden

$$n_0 \sin \alpha_0 = \sin \alpha_\infty \tag{4}$$

(vgl. Abb. 2). Darin bedeutet n_0 den Brechungsindex am Boden. Wird n_0 und α_0 in der Sternwarte gemessen, so liefert (4) den astronomisch allein interessierenden Winkel α_∞. Berücksichtigt man die Krümmung der Erdoberfläche, so kann man auf dieselbe Art beweisen, daß in der ungestörten Atmosphäre längs eines Lichtstrahles $nr \sin \alpha$ konstant sein muß (r = Abstand vom Erdmittelpunkt, α = Winkel zwischen Lichtstrahl und Radiusvektor zum Erdmittelpunkt).

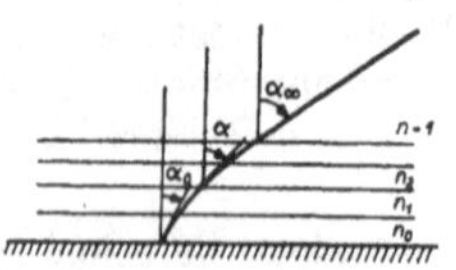

Abb. 2. Zur Strahlenbrechung in der ebenen, ungestörten Atmosphäre.

§ 3. Das Fermatsche Prinzip

Der Mathematiker P. de Fermat (um 1650) fand eine elegantere Formulierung der Gesetze über den Verlauf der Lichtstrahlen in Gestalt des folgenden Extremalprinzipes: Ein Lichtstrahl verläuft zwischen zwei festen Punkten P_1 und P_2 stets so, daß das Integral

$$L = \int_{P_1}^{P_2} n ds \tag{1}$$

über die Bogenlänge s längs des Lichtstrahles ein Extremum bildet im Vergleich mit allen anderen benachbarten Wegen zwischen denselben Punkten. Wir wollen uns davon überzeugen, daß die in § 2 genannten Gesetze aus diesem Extremalprinzip folgen. Liegen P_1 und P_2 innerhalb desselben homogenen Mediums, so muß wegen der Konstanz von n das Integral $\int_{P_1}^{P_2} ds$, also die Weglänge des Lichtstrahles ein Extremum sein, was nur bei einem geradlinigen Lichtstrahl der Fall ist. Liegen P_1 und P_2 in zwei verschiedenen Medien mit den Brechungsindizes n_1 und n_2, zwischen denen eine ebene Mediengrenze verläuft, so muß der Lichtstrahl von P_1 bis zum Schnittpunkt A mit der Mediengrenze geradlinig verlaufen und desgleichen von A bis P_2. Liegt der Punkt A nicht auf der zur Grenzfläche senkrechten Ebene durch P_1 und P_2, so würde bei einem Heranschieben von A an diese Normalebene längs eines Lotes auf ihr die Länge der beiden Strecken P_1A und P_2A abnehmen. Dann wäre also $\int_{P_1}^{P_2} n ds$ kein Extremum. Es bleibt also nur noch die Lage des Punktes A auf der Mediengrenze in der zu ihr senkrechten Ebene durch P_1 und P_2 zu bestimmen. Legt man ihn willkürlich so, daß die Geraden P_1A und P_2A mit der Normalen auf der Grenzfläche die Winkel α_1 und α_2 bilden (vgl. Abb. 3), so wächst bei einer

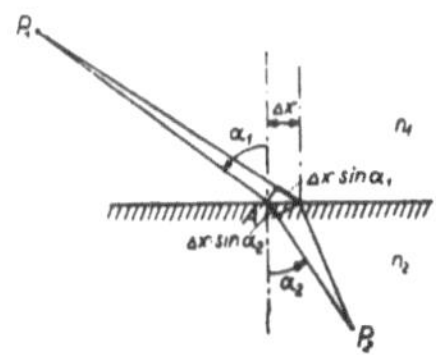

Abb. 3. Zum Fermatschen Prinzip. Die Zeichenebene ist die zur Mediengrenze senkrechte Ebene durch die Punkte P_1 und P_2.

sehr kleinen Verschiebung von A um Δx die Länge der Strecke $P_1 A$ um den Betrag $\Delta x \sin \alpha_1$. Die Strecke $P_2 A$ wird zugleich um $\Delta x \sin \alpha_2$ kürzer. Das Integral $L = \int\limits_{P_1}^{P_2} n ds$ ändert sich also bei dieser Verschiebung um $\Delta L = (n_1 \sin \alpha_1 - n_2 \sin \alpha_2) \Delta x$. Liegt der Schnittpunkt A so, daß L ein Extremum ist, so muß $\Delta L = 0$ sein, also

$$n_1 \sin \alpha_1 = n_2 \sin \alpha_2. \tag{2}$$

Das ist genau das Brechungsgesetz (§ 2; 2). Auf dieselbe Weise kann man das Reflexionsgesetz (§ 2; 1) aus dem Fermatschen Satz herleiten.

§ 4. Die Differentialgleichung des Lichtweges

Unter dem Lichtweg versteht man das Integral $L = \int\limits_{P_1}^{P_2} n ds$ längs eines Lichtstrahles zwischen P_1 und P_2, also den Extremalwert unter der Gesamtheit der Integrale, die beim Fermatschen Prinzip miteinander verglichen werden. Er ist bei gegebener Verteilung der Brechungsindizes nur noch von der Lage des Anfangs- und Endpunktes abhängig. Im folgenden denken wir uns den Anfangspunkt P_1 festgehalten und lassen P_2 die Gesamtheit aller Punkte P mit den Ortsvektoren $\mathfrak{r}$ durchlaufen, die durch Lichtstrahlen von P_1 aus erreicht werden können. Dann ist L eine Funktion des Ortes, $L = L(\mathfrak{r})$, welche im Punkte P_1 verschwindet.

Wir wollen nun zeigen, daß der Gradient von L überall die Richtung der Lichtstrahlen hat und dem Betrage nach gleich n ist. Wir betrachten dazu eine Fläche, auf der L konstant gleich L_1 ist, und einen Punkt P, der von dieser Fläche einen sehr kleinen Abstand besitzt (vgl. Abb. 4). Auf der Fläche $L = L_1$ wählen wir einen beliebigen Punkt B und bilden das Integral $\int\limits_{P_1}^{P} n ds$ über einen Weg, der von P_1 bis B einem Lichtstrahl folgt und von B nach P geradlinig verläuft. Der erste Teil des Integrals von P_1 bis B hat den Wert L_1. Liegt B so nahe an P, daß der Brechungsindex auf dieser Strecke als konstant angesehen werden kann, so ist der Beitrag der Strecke BP zum Integral $\int\limits_{P_1}^{P} n ds$ gleich n mal dem Abstand Δs von B und P:

$$\int\limits_{P_1\,(\text{über } B)}^{P} n ds = L_1 + n \cdot \Delta s .$$

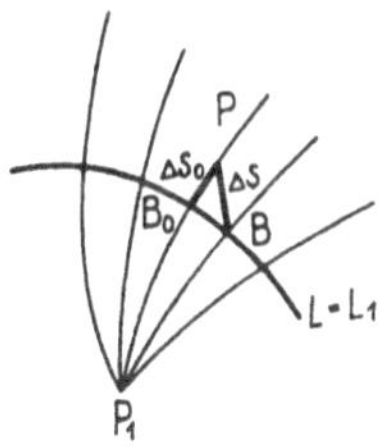

Abb. 4.
Eine Fläche konstanten Lichtweges $L = L_1$ und einige Lichtstrahlen von P_1 aus in einem Raum mit stetig veränderlichem Brechungsindex.

Ist nun B_0 derjenige Punkt der Fläche $L = L_1$, der auf dem Lichtstrahl von P_1 nach P liegt, so muß nach Fermat sein Abstand Δs_0 von P ein Extremum unter allen Strecken Δs sein. Daraus folgt, daß die Gerade $B_0 P$ auf der Fläche $L = L_1$ senkrecht steht. Der Lichtstrahl durch P hat also die gleiche Richtung wie grad L, senkrecht auf der Fläche $L =$ konst. Längs eines Lichtstrahles ändert sich L beim Fortschreiten um eine kleine Strecke Δs um $n \Delta s$. Da der Betrag des Gradienten von L gleich der Ableitung nach dem Wege längs der Normalen auf den Flächen $L =$ konst. ist, gilt also

$$|\operatorname{grad} L| = n \tag{1}$$

oder in Koordinaten ausgeschrieben

$$\operatorname{grad}^2 L = \left(\frac{\partial L}{\partial x}\right)^2 + \left(\frac{\partial L}{\partial y}\right)^2 + \left(\frac{\partial L}{\partial z}\right)^2 = n^2 . \tag{2}$$

Wir wollen nun zeigen, daß diese Differentialgleichung (2) für den Lichtweg nicht nur eine notwendige Folge der geometrisch-optischen Gesetze ist, sondern auch hinreichend für ihre Gültigkeit. Bei jeder Lösung von (2) erfüllen die Orthogonaltrajektorien auf den Flächen $L =$ konst. die in § 2 genannten Gesetze. Dieser Beweis wird umständlich, wenn sich n unstetig ändert. Wir wollen deshalb annehmen, daß der Übergang des Brechungsindex an den Oberflächen zwar beliebig schroff, aber noch stetig erfolgt und daß dementsprechend auch L stetig und differenzierbar ist. Ist $\mathfrak{s}$ ein

Einheitsvektor in Richtung der Normalen auf den Flächen $L =$ konst., so ist wegen (1)

$$\operatorname{grad} L = n\mathfrak{s}. \tag{3}$$

Daraus folgt[1])

$$\operatorname{rot} \operatorname{grad} L = \operatorname{rot}(n\mathfrak{s}) = 0 \tag{4}$$

oder in Komponenten ausgeschrieben

$$\frac{\partial(ns_x)}{\partial y} = \frac{\partial(ns_y)}{\partial x}, \quad \frac{\partial(ns_y)}{\partial z} = \frac{\partial(ns_z)}{\partial y}, \quad \frac{\partial(ns_z)}{\partial x} = \frac{\partial(ns_x)}{\partial z}. \tag{5}$$

Wir berechnen nun die Ableitung des Vektors $n\mathfrak{s}$ nach dem Wege längs eines Lichtstrahles. Für seine x-Komponente ns_x erhält man

$$\frac{d(ns_x)}{ds} = \frac{\partial(ns_x)}{\partial x} \cdot \frac{dx}{ds} + \frac{\partial(ns_x)}{\partial y} \cdot \frac{dy}{ds} + \frac{\partial(ns_x)}{\partial z} \cdot \frac{dz}{ds}. \tag{6}$$

Die Differentialquotienten $\frac{dx}{ds}$, $\frac{dy}{ds}$, $\frac{dz}{ds}$ sind offenbar die Komponenten des Einheitsvektors $\mathfrak{s}$ in Wegrichtung, sind also gleich s_x, s_y und s_z. Wegen (5) ergibt sich daher

$$\frac{d(ns_x)}{ds} = s_x \frac{\partial(ns_x)}{\partial x} + s_y \frac{\partial(ns_y)}{\partial x} + s_z \frac{\partial(ns_z)}{\partial x}$$

$$= n\left(s_x \frac{\partial s_x}{\partial x} + s_y \frac{\partial s_y}{\partial x} + s_z \frac{\partial s_z}{\partial x}\right) + (s_x^2 + s_y^2 + s_z^2)\frac{\partial n}{\partial x}. \tag{7}$$

Da $\mathfrak{s}$ ein Einheitsvektor ist, gilt $s_x^2 + s_y^2 + s_z^2 = 1$. Die erste Klammer in (7) ist die Ableitung dieses Ausdruckes nach x und verschwindet daher. Somit folgt

$$\frac{d(ns_x)}{ds} = \frac{\partial n}{\partial x} \tag{8a}$$

und zusammen mit den entsprechenden Formeln für die anderen Komponenten

$$\frac{d(n\mathfrak{s})}{ds} = \operatorname{grad} n. \tag{8}$$

In einem Gebiet, in dem n konstant ist, verschwindet $\operatorname{grad} n$.

---

[1]) S. Valentiner-König, Vektoren und Matrizen. Sammlung Göschen Bd. 354/354a, § 25.

Dort sind also die Ableitungen aller Komponenten von $n\mathfrak{s}$ längs der Orthogonaltrajektorien auf den Flächen $L =$ konst. gleich null, d.h. diese Kurven sind Geraden. An einer Mediengrenze hat grad$n$ die Richtung der Normalen auf der Oberfläche. Die Projektion des Vektors $n\mathfrak{s}$ auf die Mediengrenze ist also längs eines Lichtstrahles nach Größe und Richtung konstant. Die Konstanz der Richtung besagt, daß der Lichtstrahl bei der Brechung in einer Ebene senkrecht zur Grenzfläche verläuft. Die Konstanz der Tangentialkomponente von $n\mathfrak{s}$ ist mit dem Reflexionsgesetz (§ 2; 1) und dem Brechungsgesetz (§ 2; 2) identisch. Damit sind alle in § 2 genannten Gesetze aus der Differentialgleichung (2) hergeleitet.

§ 5. Die rotationssymmetrische kollineare Abbildung

Das Brechungsgesetz wird praktisch vor allem zur Berechnung von Linsensystemen zur Erzeugung von Abbildungen benutzt. Bevor wir die Frage erörtern, wie die Abbildung durch eine Linse beschaffen ist, wollen wir rein mathematisch die Eigenschaften einer idealen optischen Abbildung untersuchen. Wir nehmen also an, wir hätten ein Instrument, welches alle Lichtstrahlen, die sich in einem Punkt, dem Objektpunkt, schneiden, beim Durchgang so ablenkt, daß sie sich nachher wieder in einem Punkt, dem Bildpunkt, schneiden. Bei dieser mathematischen Überlegung wollen wir außer Betracht lassen, daß die wirklichen Linsen begrenzt sind, so daß nicht alle Lichtstrahlen des Objektraumes tatsächlich in den Bildraum gelangen. Es ist nicht notwendig, daß sich Objekt- und Bildpunkt wirklich als Schnittpunkt von Lichtstrahlen aufzeigen lassen. Es kann sein, daß sich nur die Verlängerungen der Strahlen vor dem Instrument bzw. nur die rückwärtigen Verlängerungen der Strahlen hinter dem Instrument in einem Punkte schneiden. Man nennt solche Objekt- und Bildpunkte virtuell. Vor und hinter dem abbildenden Instrument sei der Brechungsindex räumlich konstant, so daß die Lichtstrahlen dort geradlinig sind. Das hat zur Folge, daß Objektpunkte, die auf einer Geraden liegen, auf Bildpunkte abgebildet werden, die auch auf einer Geraden liegen, nämlich auf dem Lichtstrahl, welcher aus dem Lichtstrahl durch alle Objektpunkte entsteht. Man nennt deshalb eine solche ideale Abbildung kollinear. Weiter folgt daraus, daß Punkte einer Ebene wieder auf Punkte einer Ebene abgebildet werden, denn die Punkte auf dem Umfang eines Dreiecks müssen wieder auf ein Dreieck abgebildet werden.

Der Einfachheit halber wollen wir nur den praktisch wichtigsten Fall eines rotationssymmetrischen abbildenden Systems betrachten. Wenn man bei einem solchen System einen Strahl des Objektraumes um einen bestimmten Winkel um die Rotationsachse dreht, dreht sich der zugehörige Strahl im Bildraum um den gleichen Winkel. Dasselbe gilt daher für Objekt- und Bildpunkt. Einem Objektpunkt auf der Achse muß deshalb ein Bildpunkt auf der Achse entsprechen. Daher genügt es in diesem Fall, die Abbildung der Punkte einer Ebene durch die Achse auf diejenigen einer entsprechenden Ebene im Bildraum zu betrachten. Die Abbildung anderer Ebenen folgt aus dieser durch Drehung des Strahlenganges um die Rotationsachse.

Wir führen nun in der betrachteten Objektebene ein x-y-Koordinatensystem mit der x-Achse in der Rotationsachse ein und ein entsprechendes x'-y'-Koordinatensystem in der zugehörigen Bildebene. x' und y' müssen umkehrbar eindeutige Funktionen von x und y sein. Diese Bedingung erfüllen nur die gebrochen-rationalen Funktionen. Daher setzen wir

$$x' = \frac{a_1 x + b_1 y + c_1}{a_0 x + b_0 y + c_0}, \quad y' = \frac{a_2 x + b_2 y + c_2}{a_0 x + b_0 y + c_0}. \tag{1}$$

Dabei haben wir die Koeffizienten in den beiden Nennern sofort als gleich angesetzt, denn sonst würde einer Geraden im Bildraum, also einer linearen Beziehung zwischen x' und y', nicht wieder eine lineare Beziehung zwischen x und y entsprechen. Objektpunkte auf der Achse, also $y = 0$, ergeben Bildpunkte auf der Achse, also $y' = 0$. Daraus folgt $a_2 = c_2 = 0$. Ein Vorzeichenwechsel bei y muß einen Vorzeichenwechsel bei y' bewirken und x' unverändert lassen, denn er entspricht einer Drehung des Objektes um die Achse um 180^0.

Daher muß $b_0 = b_1 = 0$ sein. Bei einer rotationssymmetrischen kollinearen Abbildung gilt also

$$x' = \frac{a_1 x + c_1}{a_0 x + c_0}, \quad y' = \frac{b_2 y}{a_0 x + c_0}. \tag{2}$$

Als erstes betrachten wir den Fall, daß $a_0 = 0$ ist. Wenn man zur Abkürzung $a_1/c_0 = \alpha$ und $b_2/c_0 = \beta$ setzt, lauten dann die Abbildungsgleichungen

$$x' = \alpha(x + c_1/a_1), \; y' = \beta y. \tag{3}$$

Durch geeignete Wahl des Koordinatenursprungs im Objektraum kann man auch noch c_1/a_1 zu null machen. Dann ergibt sich, daß x'/x und y'/y zwei Konstanten der Abbildung sind. Das nennt man eine teleskopische Abbildung, da sie bei manchen Fernrohren nahezu verwirklicht ist.

Ist $a_0 \neq 0$, so gibt es eine zur Rotationsachse senkrechte Ebene im Objektraum, nämlich die Ebene $x = -c_0/a_0$, deren Bildpunkte ins Unendliche fallen. Diese Ebene nennt man die Brennebene des Objektraumes. Ihr Schnittpunkt mit der Rotationsachse heißt der Brennpunkt F des Objektraumes. Läßt man die Objektpunkte bis ins Unendliche rücken, also $x \to \infty$, so fallen die Bildpunkte in die Ebene $x' = a_1/a_0$. Diese nennt man die Brennebene des Bildraumes. Ihr Schnittpunkt mit der Achse ist der Brennpunkt F' des Bildraumes. Die teleskopische Abbildung besitzt keine Brennpunkte. Man bezeichnet sie deshalb auch als brennpunktslose Abbildung. Fortan wollen wir die Koordinatennullpunkte im Objekt- und Bildraum in die Brennpunkte legen. Die Richtungen der x- und x'-Achse seien einander entgegengesetzt (vgl. Abb. 5). Durch eine solche Koordinatentransformation verändern sich die Koeffizienten derart, daß $a_1 = c_0 = 0$ wird. Schreibt man zur Abkürzung $b_2/a_0 = f$ und $c_1/b_2 = f'$, so lauten die Abbildungsgleichungen dann

$$\frac{y'}{y} = \frac{f}{x} = \frac{x'}{f'}. \tag{4}$$

Die Längen f und f' heißen die Brennweiten des Objekt- und Bildraumes. Das Verhältnis y'/y bezeichnet man als die Seitenvergrößerung. Die Ebene $x = f$ wird nach (4) auf die Ebene $x' = f'$ abgebildet, und zwar so, daß $y'/y = 1$ ist. Diese beiden Ebenen, die mit der Seitenvergrößerung $y'/y = 1$ aufeinander abgebildet werden, nennt man die Hauptebenen, ihre Schnittpunkte H und H' mit der Achse die Hauptpunkte der Abbildung.

Manchmal ist es vorteilhaft, Bild- und Objektpunkt nicht durch die Koordinaten x und x' in den an den Brennpunkten verankerten Koordinatensystemen zu kennzeichnen, sondern durch die Abstände s und s' von den Hauptebenen. Zählt man s und s' in der entgegengesetzten Richtung positiv als x und x', so gilt $s = f - x$ und $s' = f' - x'$. Damit folgt aus (4)

$$\frac{f}{s} + \frac{f'}{s'} = 1. \tag{5}$$

Ist die Lage der Brennpunkte und Hauptpunkte einer rotationssymmetrischen Abbildung bekannt, so kann man zu jedem Objektpunkt den Bildpunkt leicht konstruieren. Man braucht dazu nur die Tatsache auszunutzen, daß eine Gerade durch den Brennpunkt des Objektraumes, welche durch $y/x = c$ gegeben ist, in eine zur Achse parallele Gerade des Bildraumes im Abstand $y' = cf$ übergeht, also in einem Abstand, der gleich dem Achsenabschnitt der Objektgeraden auf der Hauptebene des Objektraumes ist. Bei Vertauschung von Objekt- und Bildraum gilt das entsprechende. Zur Konstruktion des Bildpunktes zu einem Objektpunkt P zeichnet man erstens die Gerade durch P und den Brennpunkt F im Objektraum. Durch den Schnittpunkt dieser Geraden mit der Hauptebene H zeichnet man dann im Bildraum die Parallele zur Achse. Zweitens zeichnet man durch P die Parallele zur Achse bis zum Schnittpunkt mit der Hauptebene H' des Bildraumes und dann die Gerade durch diesen Punkt und den Brennpunkt F' des Bildraumes. Der Schnittpunkt dieser Geraden mit der vorher konstruierten achsenparallelen Geraden ist der Bildpunkt P'. Abb. 5 zeigt die Konstruktion für den Fall $f > 0$, $f' > 0$, der bei einer Sammellinse näherungsweise verwirklicht ist. Dort liegen die beiden Hauptebenen ziemlich dicht beieinander und die Brennpunkte auf verschiedenen

Seiten von ihnen. Man kann sich durch diese Konstruktion leicht klarmachen, wie das Bild P' bei einer Verschiebung von P wandert. Man findet im obigen Fall, daß ein Verschieben des Objektpunktes von links nach rechts eine Verrückung des Bildes in der gleichen Richtung zur Folge hat. Wenn jedoch der Objektpunkt die Brennebene des Objektraumes von links nach rechts überschreitet, springt der Bildpunkt von $x' = -\infty$ nach $x' = +\infty$. Eine solche Abbildung nennt man gleichläufig. Wenn die Brennpunkte von den beiden Hauptebenen aus in der gleichen Richtung liegen, wenn also z.B. $f' < 0$ ist, ist die Abbildung gegenläufig.

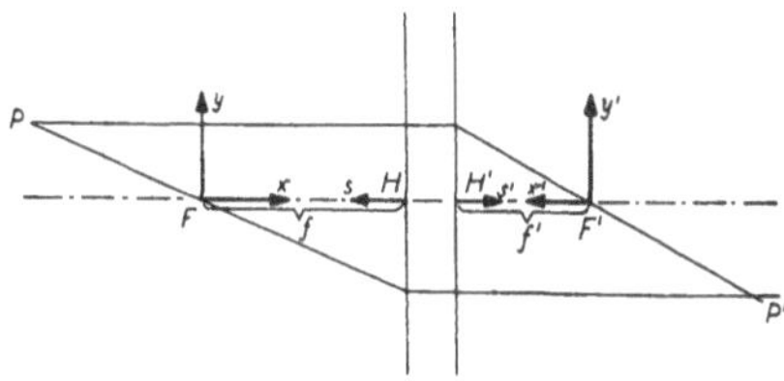

Abb. 5. Die rotationssymmetrische kollineare Abbildung.

§ 6. Die Zusammensetzung zweier kollinearer Abbildungen

Wenn die Bildpunkte eines kollinear abbildenden optischen Systems durch ein zweites System noch einmal kollinear abgebildet werden, wird durch das ganze System auch eine kollineare Abbildung verwirklicht. Wir wollen hier nur den Fall diskutieren, daß beide Teilsysteme rotationssymmetrisch sind und die gleiche Achse besitzen. Dann ist das Gesamtsystem auch rotationssymmetrisch. Der Brennpunkt F_1' des Bildraumes des ersten Teilsystems möge im Abstand a vor dem Brennpunkt F_2 des Objektraumes des zweiten Teilsystems liegen. Ein Bildpunkt des ersten Systems mit den Koordinaten x_1', y_1' ist dann zugleich Objektpunkt des zweiten mit den Koordinaten

$$x_2 = -(a + x_1'), \; y_2 = y_1' \qquad (1)$$

(vgl. Abb. 6). Die Abbildungsgleichungen der beiden Teilsysteme lauten

$$\frac{y_1'}{y_1} = \frac{f_1}{x_1} = \frac{x_1'}{f_1'} \quad \text{und} \quad \frac{y_2'}{y_2} = \frac{f_2}{x_2} = \frac{x_2'}{f_2'}. \tag{2}$$

Eliminiert man aus diesen Gleichungen die Koordinaten x_1', y_1', x_2 und y_2, so erhält man als Zusammenhang zwischen den Koordinaten x_1, y_1 eines Objektpunktes vor dem ersten System und den Koordinaten x_2', y_2' eines Bildpunktes hinter dem zweiten

$$x_2' = \frac{-f_2 f_2' x_1}{f_1 f_1' + a x_1}, \quad y_2' = \frac{-f_1 f_2 y_1}{f_1 f_1' + a x_1}. \tag{3}$$

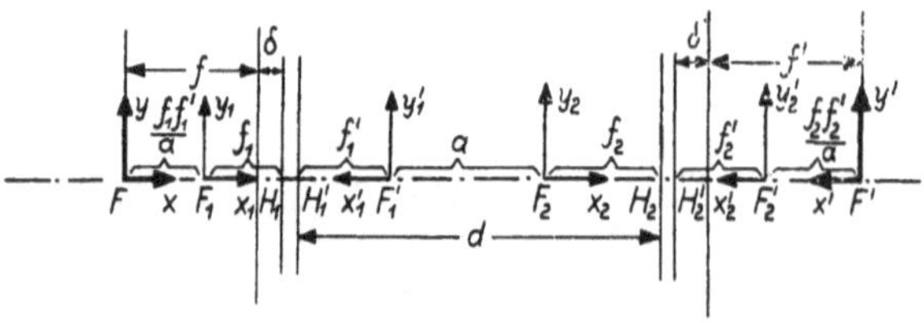

Abb. 6. Zur Zusammensetzung von zwei rotationssymmetrischen kollinearen Abbildungen.

Diese Beziehungen haben in der Tat die Gestalt (§ 5; 2) der Abbildungsgleichungen einer kollinearen Abbildung. Ist $a=0$, so vermittelt das Gesamtsystem eine teleskopische Abbildung. Ist $a \neq 0$, so ergibt sich aus (3) für die x-Koordinate x_{1F} des Brennpunktes des Gesamtsystems im Objektraum, welcher einem Bildpunkt im Unendlichen, also $x_2' = \infty$ entspricht:

$$x_{1F} = -\frac{f_1 f_1'}{a}. \tag{4}$$

Ebenso findet man für die x'-Koordinate x_{2F}' des Brennpunktes des Gesamtsystems im Bildraum, indem man $x_1 = \infty$ setzt,

$$x_{2F}' = -\frac{f_2 f_2'}{a}. \tag{5}$$

Führt man nun im Objekt- und Bildraum ein x-y-Koordinatensystem bzw. x'-y'-System ein, dessen Ursprung im Brennpunkt liegt, so hat man zu setzen

$$x = x_1 + \frac{f_1 f_1'}{a}, \quad y = y_1, \quad x' = x_2' + \frac{f_2 f_2'}{a}, \quad y' = y_2'. \tag{6}$$

Dann nehmen die Abbildungsgleichungen (3) die Gestalt (§ 5; 4) an mit den Brennweiten

$$f = -\frac{f_1 f_2}{a} \quad \text{und} \quad f' = -\frac{f_1' f_2'}{a}. \tag{7}$$

Für den Abstand δ der ersten Hauptebene von der vorderen Hauptebene des ersten Teilsystems erhält man

$$\delta = f_1 + \frac{f_1 f_1'}{a} - f = f_1 \frac{f_1' + a + f_2}{a}. \tag{8}$$

Für den entsprechenden Abstand δ' der zweiten Hauptebene des Gesamtsystems von der hinteren Hauptebene des zweiten Teilsystems ergibt sich

$$\delta' = f_2' + \frac{f_2 f_2'}{a} - f' = f_2' \frac{f_1' + a + f_2}{a}. \tag{9}$$

Die in diesen Formeln vorkommende Länge

$$d = f_1' + a + f_2 \tag{10}$$

ist gleich dem Abstand der hinteren Hauptebene des ersten Teilsystems von der vorderen Hauptebene des zweiten Teilsystems (vgl. Abb. 6).

§ 7. Die Brechung an einer Kugelfläche

In optischen Instrumenten werden fast ausschließlich Linsen mit Kugelflächen benutzt, da für andere Formen das Problem der Serienfabrikation geschliffener Flächen technisch bisher nicht gelöst ist. Wir betrachten deshalb hier auch nur solche Linsen und beginnen mit der Berechnung der Strahlenbrechung an einer Kugelfläche vom Radius r, die einen Objektraum mit dem Brechungsindex n von einem Bildraum mit dem Brechungsindex n' trennt. Wir verfolgen einen Lichtstrahl, der von einem Punkt P ausgeht und mit der Verbindungslinie zwischen P und dem Kugelmittelpunkt M den Winkel u einschließt (vgl. Abb. 7). Der Strahl möge im Punkt A die Kugelfläche treffen und nach der Brechung im Punkt P' die Gerade PM schneiden. Dreht man den Strahlenverlauf um die Gerade PMP', so bleibt wegen der Rotationssymmetrie das Brechungsgesetz bei A erfüllt. Wenn also die brechende Fläche alle von P ausgehenden Strahlen so ablenkt, daß sie sich nachher wieder in einem Bildpunkt schneiden, muß P' dieser Bildpunkt sein. Eine solche ideale Abbildung liegt aber nur dann vor, wenn die Lage von P' unabhängig vom Winkel u ist.

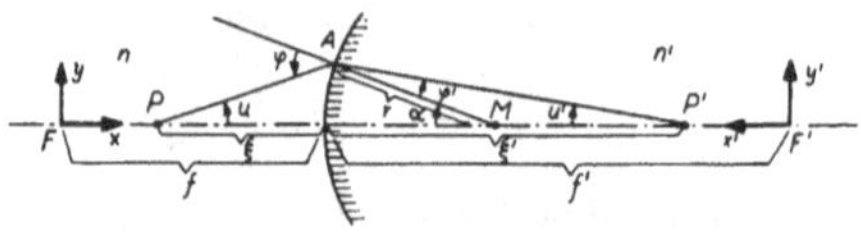

Abb. 7. Zur Berechnung der Brechung an einer Kugelfläche.

Um das nachzuprüfen, müssen wir das Brechungsgesetz im Punkt A ausnutzen. Die Winkel zwischen dem einfallenden bzw. gebrochenen Strahl und dem Lot AM auf der Kugelfläche in A seien φ und φ'. Der Winkel zwischen AM und PM sei α. Die Abstände von P und P' von der Kugelfläche mögen mit ξ und ξ' bezeichnet werden. Der Sinussatz im Dreieck AMP liefert dann die Beziehung

$$(\xi + r) \sin \alpha = \overline{PA} \cdot \sin \varphi \tag{1}$$

($\overline{PA}$ = Länge der Strecke PA). Ebenso folgt aus dem Dreieck AMP'

$$(\xi' - r) \sin \alpha = \overline{P'A} \cdot \sin \varphi' . \tag{2}$$

Da nach dem Brechungsgesetz $n \sin \varphi = n' \sin \varphi'$ ist, folgt daraus durch Division

$$\frac{\xi + r}{\xi' - r} = \frac{\overline{PA}}{\overline{P'A}} \cdot \frac{n'}{n} . \tag{3}$$

An dieser Gleichung erkennt man: ξ' ist bei festem ξ nur dann vom Winkel u unabhängig, wenn das Verhältnis der

Strecken $\overline{PA}$ und $\overline{P'A}$ davon unabhängig ist. Das ist aber nicht der Fall. $\overline{PA}$ ist für $u = 0$ mit ξ identisch und nimmt mit wachsendem u zu. $\overline{P'A}$ ist bei $u = 0$ mit ξ' identisch und nimmt mit wachsendem u ab. Da aber die Kugelfläche die Gerade PP' senkrecht schneidet, ist diese Änderung bei kleinen Winkeln u proportional zu u^2. Solange $u \ll 1$ ist, kann man sie vernachlässigen. Für kleine Öffnungswinkel des abbildenden Lichtkegels ist also ξ' von u unabhängig und ergibt sich aus der Gleichung

$$\frac{\xi + r}{\xi' - r} = \frac{\xi}{\xi'} \cdot \frac{n'}{n} \quad \text{oder} \quad \frac{nr}{(n' - n)\,\xi} + \frac{n'r}{(n' - n)\,\xi'} = 1. \tag{4}$$

Diese Gleichung hat die Gestalt der Abbildungsgleichung (§ 5; 5), wenn man ξ und ξ' mit den Abständen s und s' von den Hauptebenen identifiziert und außerdem

$$f = \frac{nr}{n' - n} \quad \text{und} \quad f' = \frac{n'r}{n' - n} \tag{5}$$

setzt. Die Hauptebenen dieser kollinearen Abbildung fallen demnach beide mit dem Scheitel der Kugelfläche zusammen. Um die Gestalt (§ 5; 4) der Abbildungsgleichung zu erhalten, führen wir ein x-y- und ein x'-y'-Koordinatensystem ein mit Anfangspunkten auf der Geraden PMP' im Abstand f und f' vor und hinter der Kugelfläche. Dann ist zu setzen

$$\xi = \frac{nr}{n' - n} - x \quad \text{und} \quad \xi' = \frac{n'r}{n' - n} - x'. \tag{6}$$

Damit folgt aus (4)

$$\frac{f}{x} = \frac{x'}{f'}. \tag{7}$$

Um auch den Zusammenhang zwischen y und y' zu erhalten, denken wir uns den Strahlengang in Abb. 7 in der Zeichenebene um den Kugelmittelpunkt M um einen kleinen Winkel gedreht. Die Koordinaten x und x' von P und P' ändern sich dabei in erster Näherung nicht. Für das Verhältnis y'/y ergibt sich beim Einsetzen von (6) und (7)

$$\frac{y'}{y} = -\frac{\xi' - r}{\xi + r} = \frac{f}{x} = \frac{x'}{f'}. \tag{8}$$

Wenn man sich auf Lichtstrahlen mit kleinen Winkeln u gegen die Achse und auf Objektpunkte mit einem gegen den Radius r kleinen Abstand y von der Achse beschränkt, liefert also die Brechung an einer Kugelfläche eine kollineare Abbildung mit den durch (5) gegebenen Brennweiten.

§ 8. Die Linse

Mit Hilfe der Formeln für die Zusammensetzung von zwei kollinearen Abbildungen (§ 6) lassen sich nun aus den Ergebnissen von § 7 sofort die Abbildungseigenschaften einer Linse

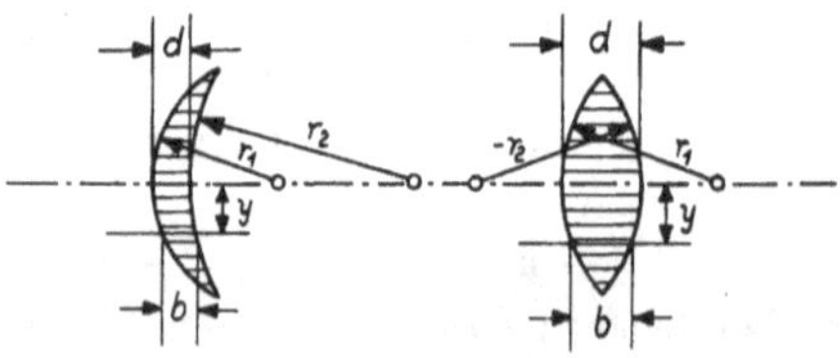

Abb. 8. Eine Konvex-Konkav-Linse und eine Bikonvex-Linse.

mit zwei Kugelflächen herleiten. Um Vorzeichenfehler zu vermeiden, betrachten wir zunächst eine Konvex-Konkav-Linse im Vakuum mit den Krümmungsradien r_1 und r_2 ($r_2 > r_1$) aus einem Medium mit dem Brechungsindex n (vgl. Abb. 8). Die Vorderfläche stellt dann das erste abbildende System dar. Seine Brennweiten folgen aus (§ 7; 5), indem man r durch r_1, n durch 1 und n' durch n ersetzt:

$$f_1 = \frac{r_1}{n-1} \quad \text{und} \quad f_1' = \frac{n r_1}{n-1}. \tag{1}$$

Das zweite abbildende System ist die Rückseite der Linse und hat die Brennweiten

$$f_2 = \frac{n r_2}{1-n} \quad \text{und} \quad f_2' = \frac{r_2}{1-n}. \tag{2}$$

Die beiden Hauptebenen des ersten Systems liegen im vorderen Linsenscheitel, die beiden des zweiten im hinteren. Der Abstand d der Hauptebenen ist demnach gleich der Dicke der Linse in ihrer Mitte. Aus (§ 6; 10) folgt daher

$$a = d - f_1' - f_2 = d + \frac{n}{n-1}(r_2 - r_1). \quad (3)$$

Setzt man (1), (2) und (3) in (§ 6; 7) ein, so findet man für die Brennweite des Bild- und Objektraumes der ganzen Linse den gleichen Wert:

$$f = f' = \frac{n r_1 r_2}{(n-1)\,[d(n-1) + n(r_2 - r_1)]}. \quad (4)$$

Eine solche Übereinstimmung der Brennweiten von Objekt- und Bildraum ergibt sich für jedes optische System, bei dem der Brechungsindex im Objekt- und Bildraum gleich ist. Aus (§ 7; 5) findet man nämlich für das Verhältnis der Brennweiten einer brechenden Kugelfläche $\frac{f'}{f} = \frac{n'}{n}$. Nach (§ 6; 7) ist das Verhältnis der Brennweiten eines zusammengesetzten Systems gleich dem Produkt der entsprechenden Verhältnisse bei den beiden Teilsystemen. Das gilt offenbar auch für Systeme mit mehr als zwei Teilsystemen. Um das Verhältnis der Brennweiten eines beliebig zusammengesetzten Systems zu erhalten, muß man also die Verhältnisse der Brechungsindizes an den aufeinanderfolgenden brechenden Flächen miteinander multiplizieren. Dabei heben sich die Brechungsindizes der mittleren Medien heraus, und man erhält das Verhältnis der Brechungsindizes in Bild- und Objektraum, also 1, wenn diese gleich sind. Wenn man jedoch so wie bei hochwertigen Mikroskopobjektiven von einem Objekt in Immersionsöl ein Bild in Luft entwirft, sind die beiden Brennweiten nicht mehr gleich. Bei einer gewöhnlichen Linse in Luft ist dagegen immer $f = f'$. Solange man von den Abweichungen von der idealen kollinearen Abbildung absehen kann, ändert sich also das Bild nicht, wenn man die Linse ohne Lageänderung der Hauptebenen umdreht.

Bei einer dünnen Linse, bei welcher $d \ll (r_2 - r_1)$ ist, kann man in (4) im Nenner d vernachlässigen und erhält

$$\frac{1}{f} = \frac{1}{f'} = (n-1)\left(\frac{1}{r_1} - \frac{1}{r_2}\right). \quad (5)$$

In dieser Näherung ist die Brennweite von der Dicke der Linse unabhängig. Wird d vergleichbar mit $r_2 - r_1$, so nimmt bei einer Konvex-Konkav-Linse ($r_2 - r_1 > 0$) die Brennweite mit wachsendem d ab. Die obigen Formeln gelten auch für eine Bikonvex-Linse, nur ist dann das Vorzeichen von r_2 umzukehren. Bei ihr wächst die Brennweite mit wachsendem d, sobald d mit $|r_2| + r_1$ vergleichbar wird.

Aus (§ 6; 8) und (1), (2) und (3) ergibt sich für den Abstand δ der Hauptebene des Objektraumes vom vorderen Scheitel der Linse

$$\delta = f_1 \frac{d}{a} = \frac{r_1 d}{(n-1)\, d + n\, (r_2 - r_1)}\,. \tag{6}$$

Ist die Linse hinten eben, also $r_2 = \infty$, so ist $\delta = 0$. Bei einer Konvex-Konkav-Linse ($r_2 > r_1 > 0$) ist δ positiv, d.h. die erste Hauptebene liegt vor dem Linsenscheitel. Für den Abstand δ' der Hauptebene des Bildraumes vom hinteren Linsenscheitel erhält man aus (§ 6; 9)

$$\delta' = f_2' \frac{d}{a} = - \frac{r_2 d}{(n-1)\, d + n\, (r_2 - r_1)}\,. \tag{7}$$

Bei dünnen Linsen sind diese Abstände klein gegen die Abstände von Objekt und Bild. Daher ist es statthaft, die Abstände s und s' von den Hauptebenen in (§ 5; 5) angenähert den Abständen von der Linse gleichzusetzen; in elementaren Lehrbüchern macht man das meist so. Für einige typische Fälle sind die Lagen der Hauptebenen in Abb. 9 skizziert.

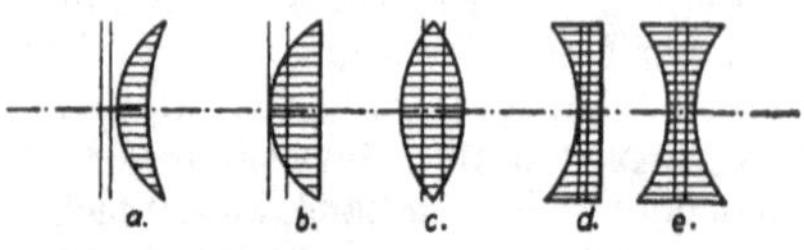

Abb. 9. Die Lagen der Hauptebenen an einigen Linsen.

Bei einer dünnen Linse, die symmetrisch zu ihrer Mittelebene ist (Fall c und e), teilen die Hauptebenen die Strecke zwischen den Linsenscheiteln nahezu in drei gleiche Abschnitte. Streng gilt das für $n = 1{,}5$ und $r_1 \gg d$.

Von einer Linse mit positiver Brennweite werden die Lichtstrahlen, welche divergent von einem Achsenpunkt P vor der Hauptebene des Objektraumes ausgehen, beim Durchgang so abgelenkt, daß sie unmittelbar hinter der Hauptebene des Bildraumes konvergent zusammenlaufen oder weniger stark divergieren. Eine solche Linse nennt man deshalb eine Sammellinse. Eine dünne Linse ist immer dann eine Sammellinse, wenn sie in der Mitte dicker ist als am Rande. Das folgt direkt aus dem Fermatschen Satz. Wir betrachten dazu einen Punkt P auf der Achse vor dem Brennpunkt des Objektraumes. Bei einer Sammellinse wird dieser auf einen reellen Bildpunkt P' auf der Achse hinter dem Brennpunkt des Bildraumes abgebildet. Die Integrale $L = \int_P^{P'} n ds$ müssen dann auf allen Lichtstrahlen von P nach P' gleich groß sein, denn wenn sich L mit der Lage des Lichtstrahles ändern würde, könnte es für einen bestimmten Strahl kein Extremum im Vergleich zu allen benachbarten Wegen sein, im Widerspruch zum Fermatschen Prinzip. Der Weg längs der Achse von P nach P' ist geometrisch der kürzeste. Damit $\int_P^{P'} n ds$ auf ihm denselben Wert annimmt wie auf den längeren Wegen außerhalb der Achse, muß der Achsenstrahl das längste Stück innerhalb der Linse, also im Gebiet mit $n > 1$ verlaufen.

Wenn die Lichtstrahlen überall nur sehr kleine Winkel mit der Achse bilden, hängt demnach die Lage des Bildpunktes bei gegebenem Objektpunkt und daher auch die Brennweite nur davon ab, wie sich die in Achsenrichtung gemessene Dicke b der Linse mit wachsendem Abstand von der Achse ändert. Gleichung (5) bestätigt das. Wenn y klein gegen die Krümmungsradien ist, ergibt sich für die Dicke $b(y)$ der Linse an einer Stelle im Abstand y von der Achse (vgl. Abb. 8)

$$b = d - (r_1 - \sqrt{r_1^2 - y^2}) + (r_2 - \sqrt{r_2^2 - y^2})$$

$$\approx d - \frac{y^2}{2}\left(\frac{1}{r_1} - \frac{1}{r_2}\right). \tag{8}$$

Aus (5) folgt daher

$$\frac{1}{f} = -2(n-1)\frac{db}{d(y^2)}. \tag{9}$$

f ist demnach positiv, wenn b mit wachsendem y^2 abnimmt.

Diese Überlegungen werden falsch, wenn die Lichtstrahlen die Linse so schief durchsetzen, daß die Länge der Strecke in ihrem Innern nicht mehr angenähert gleich b gesetzt werden kann. Damit hängt es z.B. zusammen, daß bei einer Konvex-Konkav-Sammellinse ein Lichtbündel, welches von einem Achsenpunkt zwischen Hauptebene des Objektraumes und vorderem Linsenscheitel (vgl. Abb. 9a) ausgeht, beim Durchgang stärker divergent wird als vorher.

Die in (9) vorkommende Größe $(n-1)b$ ist für eine Linse in Luft und für einen Strahl, der die Linse nahezu parallel zur Achse durchsetzt, gleich dem Unterschied zwischen dem Lichtweg und der geometrischen Länge des Lichtstrahles. Legt man zwei Linsen dicht aufeinander, so addieren sich einfach diese Unterschiede. Nach (9) müssen sich demnach die reziproken Brennweiten addieren. Das ergibt sich auch aus (§ 6; 7). Bei einem Gesamtsystem aus zwei dünnen Einzellinsen in einem gegen die Brennweiten kleinen Abstand d ist $a = d - f_1' - f_2 \approx -(f_1' + f_2)$. Daher ergibt sich für die Brennweite des Gesamtsystems

$$\frac{1}{f} = \frac{1}{f_1} + \frac{1}{f_2}. \tag{10}$$

Bei Brillen gibt man deshalb als „Stärke" der Linse einfach die reziproke Brennweite an und addiert diese beim Zusammenfügen der Linsen. Als Einheit benutzt man das reziproke Meter und nennt diese dann 1 Dioptrie = 1/Meter.

§ 9. Der Sinussatz

Nach den Ausführungen in § 7 erzeugt eine Kugelfläche nur dann eine kollineare Abbildung, wenn die Winkel u der abbildenden Strahlen mit der Symmetrieachse genügend klein bleiben und die Objektpunkte genügend nah an der Achse liegen. Wenn man ein lichtstarkes Photoobjektiv oder ein hoch auflösendes Mikroskopobjektiv herstellen will, können diese Bedingungen nicht eingehalten werden. Es fragt sich daher, ob man durch geeignete Gestaltung der brechenden Flächen oder Verwendung vieler Kugelflächen auch bei weitgeöffneten Strahlenbündeln eine fehlerfreie Abbildung erzielen kann. Man kann beweisen, daß das zwar für eine einzelne Fläche des Objektraumes möglich ist, aber nicht für ein räumliches Gebiet, ausgenommen der triviale Fall einer Spiegelung an einem ebenen Spiegel, in welchem Objekt und Bild gleich groß sind. Wir wollen das hier nur für den Spezialfall einer rotationssymmetrischen Abbildung zeigen durch den Nachweis, daß die Folgerungen aus den Gesetzen der kollinearen Abbildung bei weitgeöffneten Lichtbündeln dem Fermatschen Satz widersprechen.

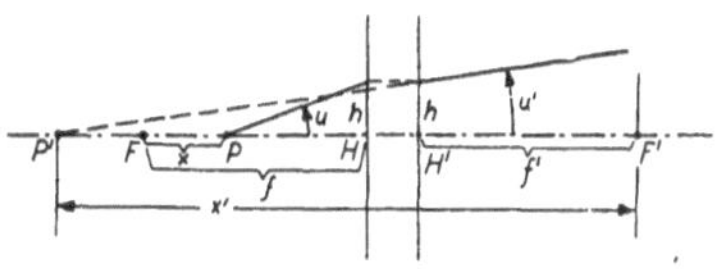

Abb. 10. Zur Ableitung der Konstanz des Tangentenverhältnisses tg u'/tg u bei einer kollinearen Abbildung.

Ein Lichtstrahl, der in einer kollinearen Abbildung von einem Punkt P auf der Achse unter dem Winkel u gegen die Achse ausgeht, schneidet auf der Hauptebene des Objektraumes den Achsenabschnitt $h = (f - x)\,\mathrm{tg}\,u$ ab (vgl. Abb. 10). Da die Hauptebenen aufeinander im Verhältnis 1 : 1 abgebildet werden, gilt für den Winkel u' des Bildstrahles gegen die Achse $\mathrm{tg}\,u' = h/(x' - f')$. Bei Beachtung von (§ 5; 4) folgt aus diesen Gleichungen

$$\frac{\mathrm{tg}\,u'}{\mathrm{tg}\,u} = \frac{f - x}{x' - f'} = \frac{x}{f'}\,. \tag{1}$$

Das Verhältnis der Tangenten von u und u' ist also für alle im Objektraum von P und im Bildraum von P' ausgehenden Strahlen gleich. Multipliziert man (1) mit der Seitenvergrößerung $y'/y = f/x$ in den Punkten P und P' und beachtet, daß nach § 8 $f'/f = n'/n$ ist, so erhält man

$$\frac{n'\,y'\,\mathrm{tg}\,u'}{n\,y\,\mathrm{tg}\,u} = 1\,. \tag{2}$$

Diese Beziehung gilt für jedes Paar von Linienstücken senkrecht zur Achse mit den Längen y und y', die durch eine ideale kollineare Abbildung aufeinander abgebildet werden.

Aus dem Fermatschen Satz ergibt sich jedoch, wie wir gleich zeigen werden, daß bei einer fehlerfreien Abbildung eines kleinen Linienstückes auf ein anderes statt dessen

$$\frac{n' y' \sin u'}{n\, y \sin u} = 1. \tag{3}$$

gelten muß. (2) und (3) widersprechen sich, wenn nicht bei allen Strahlen $u = u'$ ist oder u und u' so klein sind, daß man angenähert $\cos u \approx \cos u' \approx 1$ setzen kann. Die bei der Ableitung von (2) gemachte Voraussetzung einer fehlerfreien Ab-

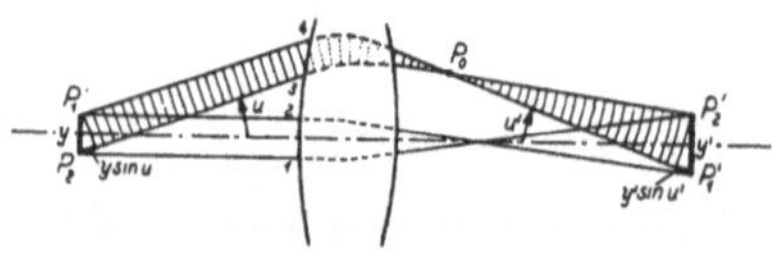

Abb. 11. Zum Beweis des Sinussatzes.

bildung eines räumlichen Gebietes ist daher mit weitgeöffneten Lichtbündeln physikalisch nicht zu verwirklichen, außer in dem trivialen Fall, daß für alle Strahlen $u = u'$ gilt, was im Fall $n = n'$ einer Abbildung im Verhältnis 1 : 1 entspricht.

Zum Beweis von (3) betrachten wir ein kleines Linienstück der Länge y, welches senkrecht zur Achse des rotationssymmetrischen abbildenden Systems liege mit den Endpunkten P_1 und P_2 im gleichen Abstand von der Achse (vgl. Abb. 11). Wenn dieses Linienstück fehlerfrei abgebildet wird, schneiden sich alle von P_1 bzw. P_2 ausgehenden Lichtstrahlen hinter dem abbildenden System wieder in zwei Bildpunkten P_1' bzw. P_2', die auch symmetrisch zur Achse liegen und den Abstand y' besitzen mögen. Eine solche Abbildung von zwei Linienelementen bezeichnet man in der Optik als stigmatisch (punktförmig). Von der Gesamtheit der Lichtstrahlen, die von P_1 und P_2 ausgehen, greifen wir nun je zwei heraus. Beide sollen in der Ebene durch die Achse und das Linienelement liegen. Der eine verlaufe im Objektraum parallel zur Achse;

der andere schließe mit ihr den Winkel u ein. Die Lichtwege längs der beiden Strahlen, die parallel zur Achse beginnen, genommen von P_1 bis P_1' bzw. P_2 bis P_2', sind aus Symmetriegründen einander gleich. Da nach den Ausführungen auf S. 27 die Lichtwege längs verschiedener Lichtstrahlen von einem Punkt zu seinem Bild gleich sind, müssen demnach auch die Lichtwege von P_1 nach P_1' und von P_2 nach P_2' längs der unter dem Winkel u gegen die Achse beginnenden Lichtstrahlen gleich sein (Weg 3 und 4 in Abb. 11). Von dem Schnittpunkt P_0 dieser Strahlen aus denken wir uns nun die Lichtstrahlen nach allen Richtungen hin gezeichnet und senkrecht zu ihnen die Flächen konstanten Lichtweges von P_0 aus. Aus Abb. 11 liest man dann sofort ab, daß diejenige dieser Flächen, die durch P_1 hindurch geht, von P_2 den Abstand $y \sin u$ hat. Ist n der Brechungsindex im Objektraum, so unterscheiden sich also die Lichtwege von P_0 nach P_2 und P_1 um $ny \sin u$. Ebenso findet man, daß die Lichtwege von P_0 nach P_1' und P_2' die Differenz $n'y' \sin u'$ besitzen. Da die ganzen Lichtwege gleich sind, folgt also

$$ny \sin u = n'y' \sin u'. \qquad (4)$$

Das ist der von Abbe gefundene Sinussatz.

Man kann weiter zeigen, daß bei einer rotationssymmetrischen Abbildung, bei der für ein Linienpaar senkrecht zur Achse die Sinusbedingung erfüllt ist, dann für benachbarte Linienpaare in etwas größerem oder kleinerem Abstand von den brechenden Flächen die Sinusbedingung nicht mehr erfüllt sein kann. Es ist also nicht nur die fehlerfreie Abbildung eines ganzen räumlichen Gebietes unmöglich, sondern auch die der Gesamtheit aller Linienelemente senkrecht zur Achse.

§ 10. Die Linsenfehler

In der technischen Optik berechnet man Linsen in der Weise, daß man für eine gegebene Anordnung der brechenden Flächen für mehrere Objektpunkte und mehrere Farben den Verlauf einiger Strahlen geometrisch von Fläche zu Fläche durchrechnet. Aus der Lage der Schnittpunkte der Strahlen im Bildraum versucht man dann eine Vorstellung von der Güte der Abbildung zu erlangen.

Durch Abänderung der Krümmungsradien, Abstände und Brechungsindizes sucht man dann diejenige Anordnung aufzufinden, bei welcher sich unter den vorliegenden Bedingungen die Fehler am wenigsten bemerkbar machen. Von einem Linsenfehler spricht man, wenn die Strahlen, die von einem Objektpunkt ausgehen, sich hinter der Linse nicht mehr in einem Punkte schneiden.

Die Größe der Abweichung von der punktförmigen Vereinigung der Strahlen hängt natürlich von der Öffnung des Strahlenkegels ab, welcher zur Abbildung beiträgt. Der Körper, welcher diesen Strahlenkegel begrenzt, wird als *Aperturblende* bezeichnet. Bei einem Mikroskopobjektiv ist das im allgemeinen die Linsenfassung. Bei einem Photoapparat ist es eine besonders angebrachte Blende, deren Öffnung verschieden groß gemacht werden kann. Der Lichtstrahl, der durch die Mitte der Aperturblende hindurchläuft, wird der *Hauptstrahl* genannt. Die Strahlen durch den Rand der Aperturblende heißen die *Randstrahlen.*

Wenn die Aperturblende kreisförmig ist, so bilden bei einem rotationssymmetrischen System für einen Objektpunkt auf der Achse die Randstrahlen im Bildraum einen Kegel mit der Spitze auf der Achse. Im allgemeinen hängt die Lage der Kegelspitze von der Öffnung der Aperturblende ab. Der darauf beruhende Linsenfehler heißt *sphärische Aberration.* Für Objektpunkte außerhalb der Achse kommt ein weiterer Linsenfehler hinzu, der sog. *Rinnenfehler* oder die *Koma.* Zur Kennzeichnung dieses Fehlers betrachte man eine Ebene senkrecht zur Achse durch denjenigen Punkt, in welchem sich die dem Hauptstrahl nah benachbarten Strahlen vereinigen. Die Randstrahlen durchsetzen diese Ebene in einem Kreise, dessen Radius mit wachsender Öffnung der Aperturblende zunimmt. Wenn die betrachtete Linse nur sphärische Aberration aufweist, ist die Lage des Mittelpunktes dieses Kreises von der Blendenöffnung unabhängig. Wenn außerdem ein Rinnenfehler vorhanden ist, verschiebt er sich mit wachsender Blendenöffnung. Ein punktförmiges Objekt besitzt dann ein Bild, welches einem Kometen ähnelt. Für ein Mikroskopobjektiv müssen diese beiden Linsenfehler besonders klein gehalten werden.

Für ein photographisches Objektiv ist es ebenso wichtig, den *Astigmatismus* und die *Bildfeldwölbung* möglichst auszuschalten. Unter Astigmatismus versteht man die Erscheinung, daß selbst die dem Hauptstrahl nahen Strahlen sich im Bildraum niemals mehr in einem Punkt vereinigen, sondern ein Strahlenbündel bilden, dessen Querschnitt an einer beliebigen Stelle elliptisch ist und sich nur an zwei Stellen auf einen Strich zusammenzieht. An rotationssymmetrischen Systemen tritt dieser Linsenfehler nur bei Objekten außerhalb der Achse auf. Diejenige Stelle, wo der Querschnitt des Strahlenbüschels eine Linie in der Ebene durch Hauptstrahl und Linsenachse bildet, nennt man den sagittalen Bildpunkt. Die Stelle, an der der Querschnitt eine dazu senkrechte Linie bildet, heißt der meridionale Bildpunkt. Den Abstand des sagittalen und meridionalen Bildpunktes nennt man die astigmatische Differenz. Auf der Achse verschwindet sie. Läßt man den Objektpunkt eine Ebene senkrecht zur Achse durchlaufen, so beschreiben die beiden Bildpunkte zwei Rotationsflächen, die sich auf der Achse berühren, aber im allgemeinen keine Ebenen sind. Richtet man die Achse eines astigmatischen Photoobjektivs senkrecht auf den Mittelpunkt eines Rades, so erscheinen die Speichen auf der Fläche der sagittalen Bildpunkte scharf, die Felgen dagegen auf der der meridionalen Bildpunkte. Damit beide zugleich scharf eingestellt werden können, muß die astigmatische Differenz verschwinden. Außerdem darf die Fläche der beiden Bildpunkte nicht gewölbt sein, denn sonst können Rand- und Mittelteil der Bildfläche nicht gleichzeitig in die Ebene des Films gebracht werden. Das menschliche Auge weist auch manchmal einen Astigmatismus auf. Dieser beruht, zum Unterschied von dem besprochenen Linsenfehler, darauf, daß die Augenlinse keine Kugelflächen besitzt, sondern in horizontaler Richtung einen anderen Krümmungsradius hat als vertikal.

Der störendste Linsenfehler eines Photoobjektivs ist die *Verzeichnung*. Darunter versteht man die Erscheinung, daß das in einer zur Achse senkrechten Ebene liegende Objekt seinem Bild nicht mehr ähnlich ist. Dieser Fehler bleibt auch noch bestehen, wenn die Aperturblende sehr eng gemacht wird, so daß alle Unschärfen in Fortfall kommen. Er hängt nur von dem Verlauf der Hauptstrahlen ab. Betrachtet man für eine feste Lage der Objekt- und Bildebene senkrecht zur Achse einen Objektpunkt im Abstand y von der Achse, so ist der Abstand y' des Schnittpunktes zwischen Hauptstrahl und Bildebene bei rotationssymmetrischen Linsen eine ungerade Funktion von y. Der Anfang der Reihenentwicklung lautet daher

$$y' = ay + by^3 + \cdots \tag{1}$$

Für zwei Objektpunkte, deren Achsenabstände y sich wie $2:1$ verhalten, ist bei positivem b/a das Verhältnis der Abstände y' der Bildpunkte größer als 2, bei negativem b/a kleiner. Das Bild eines Quadrates hat also bei positivem b/a gekrümmte Seiten und zu spitze Winkel. Das nennt man *kissenförmig* verzeichnet. Bei negativem b/a sind die Kanten umgekehrt gekrümmt und die Winkel zu stumpf, was *tonnenförmige* Verzeichnung genannt wird. Dieser Linsenfehler verschwindet für ein Objektiv aus zwei identischen Teillinsen, die spiegelsymmetrisch vor und hinter der Aperturblende liegen. Jeder Hauptstrahl läuft dann so durchs Objektiv, daß er davor und dahinter den gleichen Winkel mit der Achse bildet. Dann ist y' exakt proportional zu y.

Außer den genannten fünf geometrischen Linsenfehlern treten noch *chromatische Linsenfehler* auf, die von der Änderung des Brechungsindex mit der Farbe herrühren. Bei dünnen Linsen genügt es zur Vermeidung chromatischer Fehler, die Brennweite von der Wellenlänge unabhängig zu machen. Die Differenz $\Delta(1/f)$ der reziproken Brennweiten für zwei verschiedene Wellenlängen, dividiert durch die reziproke Brennweite $1/f$ für eine mittlere Wellenlänge, ist nach (§ 8; 5) gegeben durch

$$\frac{\Delta(1/f)}{1/f} = \frac{\Delta n}{n-1}. \qquad (2)$$

In der Regel gibt man die Differenz für die Wellenlängen der Fraunhoferschen F-Linie, $\lambda = 4861$ Å (blau) und der C-Linie, $\lambda = 6563$ Å (rot) an und benutzt als mittlere Wellenlänge die der D-Linie, $\lambda = 5893$ Å (gelb). Die Größe

$$\frac{n_F - n_C}{n_D - 1} = \nu \qquad (3)$$

wird als das Dispersionsverhältnis bezeichnet.

Kittet man zwei dünne Linsen aus Glas mit verschiedenem Dispersionsverhältnis ν_1 und ν_2 zusammen, so kann man eine Doppellinse herstellen, die für die C- und F-Linie die gleiche Brennweite besitzt. Wegen (§ 8; 10) muß dann gelten

$$\Delta(1/f) = \Delta(1/f_1) + \Delta(1/f_2) = \nu_1/f_1 + \nu_2/f_2 = 0. \qquad (4)$$

Denkt man sich die Brennweite f der Kombination gegeben, so folgt daraus

$$\frac{f_1}{f} = \frac{\nu_2 - \nu_1}{\nu_2} \quad \text{und} \quad \frac{f_2}{f} = \frac{\nu_1 - \nu_2}{\nu_1}. \qquad (5)$$

Bei einer derartigen Sammellinse ($f > 0$) muß also die Teillinse aus dem Glas mit größerem ν eine negative Brennweite erhalten und die andere eine positive, die entsprechend kleiner ist als die der Kombination. Denn die sammelnde Wirkung dieser Teillinse wird durch die zerstreuende Wirkung der anderen teilweise aufgehoben. Bei dicken Linsen und komplizierten Objektiven muß natürlich beachtet werden, daß nicht nur die Brennweiten, sondern auch die Lagen der Hauptebenen von der Farbe abhängen können.

II. Wellenoptik

§ 11. Der Ansatz der skalaren Wellentheorie

Die Vorstellung, daß Licht aus Partikelchen bestünde, die sich längs der Lichtstrahlen fortbewegen, wurde am Anfang des vorigen Jahrhunderts verworfen, weil man Interferenzen entdeckte. Darunter versteht man die Erscheinung, daß manchmal die Lichtströme von zwei oder mehr Lichtquellen sich bei Überlagerung nicht verstärken, sondern schwächen oder sogar gegenseitig auslöschen. Unter der Intensität einer Strahlung versteht man im allgemeinen die durch eine kleine Fläche hindurchtretende Energie, dividiert durch die Beobachtungszeit und die Fläche senkrecht zur Bewegungsrichtung. Bei einer korpuskularen Strahlung ist sie der Teilchenzahl proportional. Bei Überlagerung zweier Ströme korpuskularer Strahlung addieren sich daher die stets positiven Intensitäten. Bei einer Wellenstrahlung dagegen ist für den Zustand der Welle eine *Erregung* u maßgebend, die beiderlei Vorzeichen haben kann. Die Intensität ist bei ihr proportional zum Mittelwert über das Quadrat von u. Bei Überlagerung zweier Wellen addieren sich die Erregungen, nicht die Intensitäten. Wenn die Erregungen der beiden Wellen entgegengesetztes Vorzeichen haben, nimmt dabei die Intensität ab.

Bei einer Schallwelle ist u die Abweichung des Druckes vom mittleren Druck. Die Bedeutung der Erregung u einer Lichtwelle wollen wir später erörtern (§ 22). Strenggenommen wird der Zustand einer Lichtwelle nicht durch eine skalare, sondern durch zwei vektorielle Funktionen des Ortes beschrieben. Der Einfachheit halber behandeln wir zunächst nur solche Erscheinungen, die schon bei Betrachtung einer Komponente dieser Vektoren verständlich werden. Unter der Intensität J verstehen wir dementsprechend vorläufig das quadratische Mittel von u:

$$J = \overline{u^2}. \tag{1}$$

Die Zeitdauer, über die gemittelt wird, hängt von den Beobachtungsbedingungen ab. Das menschliche Auge mittelt über eine Zeit von etwa $^1/_{25}$ Sek. Bei schnelleren periodischen

Intensitätswechseln sieht man kein Flimmern mehr, wie heute jedermann vom Film her weiß. Bei einer photographischen Platte ist über die Belichtungsdauer zu mitteln. Bei einer Photozelle kommt es auf die Einstelldauer des elektrischen Meßinstrumentes an.

Die Änderungen der Lichterregung werden beherrscht durch die Wellengleichung

$$\Delta u = \frac{\partial^2 u}{\partial x^2} + \frac{\partial^2 u}{\partial y^2} + \frac{\partial^2 u}{\partial z^2} = \frac{1}{c^2}\frac{\partial^2 u}{\partial t^2}\,. \qquad (2)$$

Darin bedeutet c die Ausbreitungsgeschwindigkeit der Welle, also eine Größe, die im allgemeinen ortsabhängig ist. Für eine Schallwelle erhält man diese Differentialgleichung aus der Bewegungsgleichung des Kontinuums, sofern die Druckschwankungen u klein gegen den mittleren Druck sind. Für eine Lichtwelle werden wir (2) aus den Maxwellschen Gleichungen ableiten (§ 22). Hier wollen wir (2) einfach als Grundgleichung der Wellenoptik versuchsweise als gültig annehmen und nachprüfen, ob ihre Folgerungen mit der Erfahrung übereinstimmen.

Wenn die Lichterregung rein periodisch ist mit der Kreisfrequenz ω, so gilt

$$u(\mathfrak{r}, t) = A(\mathfrak{r}) \cos(\omega t + \gamma(\mathfrak{r}))\,. \qquad (3)$$

A heißt Amplitude der Welle, γ die Phase. Es ist bequem, diesen Ausdruck als Realteil einer komplexen Funktion in folgender Form zu schreiben[1]):

$$u(\mathfrak{r}, t) = \mathrm{Re}\,\{s(\mathfrak{r})\, e^{i\omega t}\}, \qquad (4)$$

wobei

$$s(\mathfrak{r}) = A(\mathfrak{r})\, e^{i\gamma(\mathfrak{r})} \qquad (5)$$

ist. Dann tritt nur eine komplexe Funktion $s(\mathfrak{r})$ an Stelle von zwei reellen $A(\mathfrak{r})$ und $\gamma(\mathfrak{r})$ auf. Setzt man (4) in (2) ein, so ergibt sich mit der Abkürzung $k = \omega/c$:

$$\Delta s + k^2 s = 0\,. \qquad (6)$$

Für die Intensität erhält man

$$J = \tfrac{1}{2} A(\mathfrak{r})^2 = \tfrac{1}{2}\, |s|^2\,. \qquad (7)$$

[1]) Re bedeutet Realteil der folgenden komplexen Funktion.

Wenn k räumlich konstant ist, wird die einfachste Lösung von (6) durch eine ebene Welle gegeben:

$$s(\mathfrak{r}) = C e^{-i(\mathfrak{k}\mathfrak{r})}\,. \tag{8}$$

Darin bedeutet $\mathfrak{k}$ einen Vektor, dessen Betrag gleich k ist. C ist im allgemeinen eine komplexe Konstante. Schreibt man $C = |C| e^{i\delta}$, so erhält man beim Einsetzen in (4)

$$u = |C| \cos(\omega t - (\mathfrak{k}\mathfrak{r}) + \delta). \tag{9}$$

Die Lichterregung ist also auf Ebenen senkrecht zu $\mathfrak{k}$ konstant. Die Maxima der Lichterregung schreiten mit der Phasengeschwindigkeit $c = \omega/k$ in Richtung von $\mathfrak{k}$ fort. $\mathfrak{k}$ nennt man den Ausbreitungsvektor der Welle. Die Wellenlänge beträgt $\lambda = 2\pi/k$. Die Intensität der Welle ist räumlich und zeitlich konstant gleich $^1/_2 |C|^2$.

Wenn s nur von dem Abstand r von einem festen Punkt abhängt, ist $\Delta s = \frac{1}{r} \frac{d^2}{dr^2}(rs)$. Die einfachste Lösung für diesen Spezialfall lautet

$$s = \frac{C}{r} e^{-ikr}\,. \tag{10}$$

Daraus folgt

$$u = \frac{|C|}{r} \cos(\omega t - kr + \delta). \tag{11}$$

Das ist eine Kugelwelle, die von dem Punkt $r = 0$ nach außen läuft, wobei die Intensität $J = \frac{1}{2}|C|^2/r^2$ proportional mit $1/r^2$ abnimmt. Das ist verständlich, weil sich in diesem Fall die Energie beim Fortschreiten der Welle auf eine proportional mit r^2 wachsende Fläche gleichmäßig verteilt.

Die beiden Wellen (9) und (11) sind praktisch nicht exakt zu verwirklichen. Ein Lichtstrom, der geometrisch-optisch als ein Bündel paralleler Lichtstrahlen beschrieben wird, entspricht nicht streng einer ebenen Welle, weil er seitlich begrenzt ist. Das bedingt, wie wir in § 19 sehen werden, gewisse Abweichungen der komplexen Amplitude s von (8). Auch eine exakte Kugelwelle gibt es nicht, weil es keine punktförmigen, nach allen Seiten gleichmäßig strahlenden

Lichtquellen gibt. Außer bei Radiowellen und beim Laser gibt es auch keine streng periodischen Wellen. Denn ein Atom, welches Licht aussendet, hat nach kurzer Zeit seine Energie verbraucht und hört auf zu strahlen. Wenn kurz danach ein anderes Atom Licht emittiert, entsteht wieder ein endlicher Wellenzug, dessen Phasenkonstante δ aber in keiner Beziehung zu derjenigen des vorigen Wellenzuges steht. Daher liefert die Überlagerung vieler solcher Lichtimpulse keine exakt periodische Lichtwelle.

§ 12. Die geometrische Optik als Näherung für kleine Wellenlängen

Da die Aussagen der geometrischen Optik über die Ausbreitung des Lichtes in vielen Fällen von der Erfahrung bestätigt werden, müssen sie auch aus jeder Wellentheorie des Lichtes, die mit der Erfahrung im Einklang ist, mindestens angenähert folgen. Das zeigte qualitativ bereits Chr. Huyghens im Jahre 1678. Wir wollen es hier etwas exakter beweisen durch den Nachweis, daß unter gewissen Bedingungen die Differentialgleichung (§ 4; 2) für den Lichtweg L aus der Wellengleichung (§ 11; 2) folgt. Wir machen zu diesem Zwecke für die komplexe Amplitude $s(\mathfrak{r})$ einer periodischen Welle den Ansatz

$$s(\mathfrak{r}) = A(\mathfrak{r})\, e^{-ik_0 L(\mathfrak{r})} . \qquad (1)$$

$A(\mathfrak{r})$ und $L(\mathfrak{r})$ sollen reelle Funktionen des Ortes sein. $k_0 = \omega/c_0 = 2\pi/\lambda_0$ ist der k-Wert für das Vakuum (c_0 = Vakuumlichtgeschwindigkeit, λ_0 = Vakuumwellenlänge), also eine Konstante. Die in (§ 11; 6) vorkommende Größe k ist dagegen in inhomogenen Medien und an Materiegrenzen ortsabhängig. $L(\mathfrak{r})$ ist eine Ortsfunktion von der Dimension einer Länge, welche, wie wir sehen werden, angenähert mit dem Lichtweg übereinstimmt. Die Flächen L = konst. sind die Flächen konstanter Phase der Welle. $J = A^2/2$ ist die Intensität der Welle.

Setzt man (1) in (§ 11; 6) ein, so erhält man nach elementaren Zwischenrechnungen und Division durch $k_0^2\, s$

$$\frac{1}{k_0^2}\frac{\Delta A}{A} - 2i\left(\operatorname{grad} L, \frac{1}{k_0 A}\operatorname{grad} A\right)$$
$$- i\frac{1}{k_0}\Delta L - \operatorname{grad}^2 L + \frac{k^2}{k_0^2} = 0. \tag{2}$$

Alle Summanden dieser Gleichung sind Verhältniszahlen. Der letzte, k^2/k_0^2, hat im Vakuum den Wert 1. Wenn nun die ersten drei Summanden klein gegen 1 sind und vernachlässigt werden können, erhält man angenähert

$$\operatorname{grad}^2 L = k^2/k_0^2. \tag{3}$$

Das stimmt mit (§ 4; 2) überein, wenn man $k/k_0 = n$ setzt. Dann erfüllen also die Orthogonaltrajektorien auf den Flächen konstanter Phase der Lichtwelle die Gesetze der Lichtstrahlen der geometrischen Optik (vgl. S. 9). Der Brechungsindex n hat in der Wellenoptik die Bedeutung

$$n = \frac{k}{k_0} = \frac{c_0}{c} = \frac{\lambda_0}{\lambda}, \tag{4}$$

ist also gleich dem Verhältnis der Vakuumwellenlänge zur Wellenlänge einer Welle der gleichen Frequenz in dem betreffenden Medium bzw. gleich dem Verhältnis der Phasengeschwindigkeiten c_0 und c im Vakuum und in diesem Medium. Die geometrische Optik ist also eine brauchbare Näherung, wenn die ersten drei Summanden in (2) klein gegen 1 sind. Da grad L dem Betrage nach gleich n, also von der Größenordnung 1 ist, wird der zweite Summand in (2) nur dann klein gegen 1, wenn

$$\frac{1}{k_0 A}|\operatorname{grad} A| = \frac{\lambda_0}{2\pi}\cdot\frac{|\operatorname{grad} J|}{2J} \ll 1 \tag{5}$$

ist. $\lambda_0|\operatorname{grad} J|$ ist angenähert die Änderung der Intensität der Welle auf einer Strecke der Länge λ_0 in Richtung senkrecht auf den Flächen J = konst. (5) ist also erfüllt, wenn die relative Änderung der Intensität auf einer Strecke von der Größenordnung einer Wellenlänge sehr klein ist. Den ersten Summanden in (2) kann man in folgender Form schreiben.

$$\frac{1}{k_0^2}\frac{\Delta A}{A} = \frac{\lambda_0}{2\pi}\operatorname{div}\left(\frac{\lambda_0}{2\pi}\frac{\operatorname{grad} J}{2J}\right) + \left|\frac{\lambda_0}{2\pi}\frac{\operatorname{grad} J}{2J}\right|^2. \tag{6}$$

Wenn (5) erfüllt ist, ist diese Größe nur dann nicht klein gegen 1, wenn die in (5) stehende kleine Größe auf einer Strecke der Größe λ_0 viele kleine Schwankungen macht. Das kommt kaum vor. Die wesentliche Bedingung ist daher durch (5) gegeben. Die Aussagen der geometrischen Optik werden also dort falsch, wo die Intensität sich relativ sehr rasch ändert. Das ist an den Grenzen der Lichtbündel der Fall, wo die Beugung wesentlich ist (vgl. § 19), und dort, wo infolge von Interferenzen rasche Intensitätsschwankungen auftreten (vgl. § 13 bis 18).

Der dritte Summand in (2) ist, abgesehen von dem Faktor i, gleich $\frac{\operatorname{div} \operatorname{grad} L}{k_0}$. Wegen (§ 4; 3) erhält man also als weitere Bedingung für die Gültigkeit der geometrischen Optik

$$\frac{\lambda_0}{2\pi} \operatorname{div} (n\mathfrak{s}) \ll 1 \qquad (7)$$

($\mathfrak{s}$ ≙ Einheitsvektor in Strahlrichtung). Wenn die Flächen konstanter Phase $L =$ konst. durch Kugelflächen angenähert werden können, ist die Divergenz des auf ihnen senkrecht stehenden Einheitsvektors $\mathfrak{s}$ gleich dem doppelten reziproken Krümmungsradius. In Gebieten mit konstantem Brechungsindex muß also nach (7) die Wellenlänge klein gegen den Krümmungsradius der Flächen $L =$ konst. sein. Diese Bedingung ist dort verletzt, wo sich die Lichtstrahlen nach der geometrischen Optik schneiden, also in den Bildpunkten. Da an diesen Stellen auch die Bedingung (5) verletzt ist, bedeutet das keine neue Einschränkung. (7) ist außerdem an denjenigen Stellen verletzt, wo sich der Brechungsindex auf einer Strecke der Größe λ_0 wesentlich ändert, also an den Grenzen verschiedener Medien. Das besagt, daß der Zusammenhang zwischen den Intensitäten der einfallenden, reflektierten und gebrochenen Wellen an einer Materiegrenze mit Hilfe der geometrischen Optik nicht berechnet werden kann. In dieser Hinsicht versagt aber auch die hier behandelte einfache Wellentheorie des Lichtes mit einer skalaren Lichterregung. Dieses Problem kann einwandfrei erst mit Hilfe der elektromagnetischen Lichttheorie behandelt werde (vgl. § 24 bis 27). Für die Verknüpfung zwischen den Richtungen der Wellen bei der Brechung und Reflexion ergibt sich dagegen geometrisch-optisch und wellenoptisch das gleiche Resultat. Das folgt am einfachsten aus der Huyghensschen wellentheoretischen Behandlung der Brechung, die der Leser in vielen elementaren Physikbüchern findet. In diesem Buch wird es sich aus der strengen Behandlung der Brechung und Reflexion in § 25 nebenher ergeben.

§ 13. Kohärente und inkohärente Wellen

Wenn sich die Lichtwellen von zwei oder mehr Lichtquellen überlagern, beobachtet man meist keine Interferenzen, sondern eine Addition der Intensitäten der verschiedenen Wellen. Um das zu verstehen, betrachten wir den einfachen Fall der Superposition von zwei Lichtwellen, von denen jede einzeln die Gültigkeitsbedingungen der geometrischen Optik erfüllt. Fortan wollen wir unter $L(\mathfrak{r})$ den Lichtweg von der Lichtquelle bis zu dem betrachteten Punkt verstehen. Dann muß man in (§ 12;1) im Exponenten eine Phasenkonstante $i\delta$ hinzufügen, welche von der Phase der Lichtquelle abhängt; denn an der Lichtquelle ist $L(\mathfrak{r}) = 0$. Aber natürlich ist nicht gesagt, daß die komplexe Amplitude der Lichterregung an der Lichtquelle gerade reell ist. Drückt man außerdem die Amplitude $A(\mathfrak{r})$ der Lichtwelle durch die Intensität J aus, so erhält man beim Einsetzen von (§ 12;1) in (§ 11; 4) für die Lichtwelle der ersten Lichtquelle

$$u_1 = \sqrt{2 J_1} \cos(\omega_1 t - k_{01} L_1(\mathfrak{r}) + \delta_1) \tag{1}$$

und entsprechend für die zweite

$$u_2 = \sqrt{2 J_2} \cos(\omega_2 t - k_{02} L_2(\mathfrak{r}) + \delta_2). \tag{2}$$

Bei Überlagerung beider Wellen ergibt sich für die Intensität nach (§ 11;1)

$$J = \overline{(u_1 + u_2)^2} = \overline{u_1^2} + \overline{u_2^2} + \overline{2 u_1 u_2} = J_1 + J_2 + W. \tag{3}$$

Dabei ist W das sogenannte Interferenzglied

$$W = 2\,\overline{u_1 u_2}$$
$$= 4\sqrt{J_1 J_2}\,\overline{\cos(\omega_1 t - k_{01} L_1 + \delta_1)\cos(\omega_2 t - k_{02} L_2 + \delta_2)} \quad (4)$$

oder

$$W = 2\sqrt{J_1 J_2}\,\{\overline{\cos[(\omega_1 + \omega_2)\,t - k_{01} L_1 - k_{02} L_2 + \delta_1 + \delta_2]}$$
$$+ \overline{\cos[(\omega_1 - \omega_2)\,t - k_{01} L_1 + k_{02} L_2 + \delta_1 - \delta_2]}\}. \quad (5)$$

Wenn $W = 0$ ist, addieren sich nach (3) die Intensitäten. Interferenzen treten also nur auf, wenn W von null verschieden ist.

Der erste Summand in (5) ist stets gleich null, denn er ist periodisch mit der Schwingungsdauer $2\pi/(\omega_1 + \omega_2)$. Der zweite Summand ist im Mittel über die Beobachtungsdauer auch null, wenn nicht $2\pi/(\omega_1 - \omega_2)$ mindestens mit der Beobachtungszeit vergleichbar oder groß dagegen ist. Da bei Lichtwellen ω in der Größenordnung 10^{15} sek^{-1} liegt und die Beobachtungszeit selten kürzer als 10^{-2} sek ist (vgl. S. 35), bedeutet das praktisch, daß $\omega_1 = \omega_2$ sein muß. Lichtwellen verschiedener Frequenz geben also niemals Interferenzen.

Auch bei Lichtquellen der gleichen Frequenz treten meist keine Interferenzen auf, weil die Phasenkonstanten δ_1 und δ_2 nicht über die ganze Beobachtungszeit hin konstant sind. Wenn viele Atome nacheinander und unabhängig voneinander Licht emittieren, ändert sich δ unregelmäßig und ist nur konstant über Zeitintervalle, die mit der Emissionsdauer eines Atoms vergleichbar sind. Diese liegt bei Gasentladungen in der Größenordnung von 10^{-9} sek, ist also groß gegen die Schwingungsdauer der Welle, aber klein gegen die Beobachtungszeit. Wenn u_1 und u_2 von zwei unabhängigen Lichtquellen herrühren, ändert sich demnach $\delta_1 - \delta_2$ häufig und nimmt während der Beobachtungszeit alle Werte mit gleicher Wahrscheinlichkeit an. Daher verschwindet in diesem Fall auch der zweite Summand in (5). Lichtwellen von zwei solchen Lichtquellen nennt man deshalb inkohärent (nicht zusammenhängend). Die Lichtwellen verschiedener Teile einer Gasentladung oder eines glühenden Körpers sind auch inkohärent, nicht dagegen die Wellen, die von den schwingenden

Ladungen in der Antenne eines Radiosenders ausgesandt werden, denn die Phasen ihrer Bewegungen werden alle von der gleichen Spannungsquelle kohärent gesteuert und ändern sich zeitlich nicht. Für sichtbares Licht ist es erst in neuester Zeit im sogenannten Laser gelungen, die Phasen der Lichtemission vieler Atome in einer ausgedehnten Lichtquelle kohärent zu steuern. Darauf können wir hier aber nicht eingehen.

Die klassische Methode, kohärente Lichtwellen zu erzeugen, besteht darin, das Licht einer Lichtquelle auf verschiedene Körper fallen zu lassen, so daß kohärentes Streulicht entsteht. Die Phasenkonstanten δ_2 und δ_1 zweier sekundärer Streulichtquellen ändern sich dann zwar auch unregelmäßig in derselben Weise wie die der primären Lichtwelle, aber ihre Differenz bleibt konstant. Das Interferenzglied W wird dann konstant gleich

$$W = 2\sqrt{J_1 J_2} \cos\left[k_0 (L_2 - L_1) + \delta_1 - \delta_2\right]. \qquad (6)$$

Wegen der Kleinheit der Wellenlänge des sichtbaren Lichtes genügen kleine Wegdifferenzen $L_1 - L_2$, um das Argument des Cosinus erheblich zu ändern. Dicht nebeneinander liegen dann Stellen, wo der Kosinus gleich $+1$ ist, die Gesamtintensität J also nach (3) einen Maximalwert der Größe $J_{max} = J_1 + J_2 + 2\sqrt{J_1 J_2} = (\sqrt{J_1} + \sqrt{J_2})^2$ erreicht, und Stellen, wo der Kosinus gleich -1 ist, J also den Minimalwert $J_{min} = (\sqrt{J_1} - \sqrt{J_2})^2$ annimmt. Das gemeinsam beleuchtete Gebiet zweier kohärenter Lichtquellen ist also von hellen und dunklen Interferenzstreifen durchzogen. Wenn $J_2 = J_1$ ist, tritt im Intensitätsminimum sogar völlige Auslöschung des Lichtes ein.

§ 14. Die Young-Fresnelschen Interferenzen

Im Laufe der letzten anderthalb Jahrhunderte sind viele Anordnungen zur Erzeugung von zwei kleinen, kohärenten sekundären Lichtquellen angegeben worden. Die im Prinzip einfachste ist die von Th. Young. Bei ihr beleuchtet eine kleine

Lichtquelle Q zwei Öffnungen O_1 und O_2 in einem Schirm (vgl. Abb. 12). Durch jede tritt dann ein Lichtbündel hindurch, welches bei genügend kleinen Öffnungen infolge Beugung wesentlich breiter ist als der geometrisch-optisch berechnete Strahlenkegel. Überall, wo sich die Lichtbündel überlappen, treten Interferenzen auf. Wir betrachten etwa eine Beobachtungsebene parallel zum Schirm im Abstand a. Ist d der Lochabstand, so beträgt die Lichtwegdifferenz auf der Beobachtungsebene im Abstand x von der Mittelebene, falls $d \ll a$ ist, $(n=1)$,

$$L_2 - L_1 = \sqrt{a^2 + (x + d/2)^2} - \sqrt{a^2 + (x - d/2)^2} = \frac{d}{a}\, x. \tag{1}$$

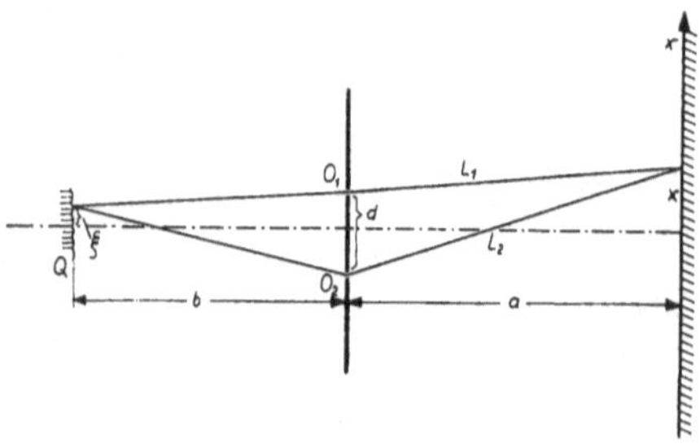

Abb. 12. Der Youngsche Interferenzversuch (schematisch).

Von einem Intensitätsmaximum bis zum nächsten ändert sich diese Größe um λ_0. Der Streifenabstand beträgt also

$$\Delta x = \lambda_0 \frac{a}{d}, \tag{2}$$

ist also viel größer als die Wellenlänge. Eine genaue Berechnung der Intensitätsverteilung ist recht schwierig, weil sie nicht nur von der Überlagerung, sondern auch von der Intensitätsverteilung der von den einzelnen Öffnungen ausgehenden Lichtwellen abhängt. Diese wird durch die Beugung bestimmt und ist schwierig exakt zu ermitteln. Die Zeitgenossen von Th. Young waren deshalb skeptisch gegen die Richtigkeit dieser Deutung. Fresnel versuchte diese Zweifel zu entkräften durch Verwendung einer anderen Anordnung mit zwei nebeneinander stehenden, schwach gegeneinander geneigten Spiegeln S_1 und S_2, welche von einer sehr kleinen Lichtquelle Q beleuchtet werden (vgl. Abb. 13). Die beiden Spiegelbilder O_1 und O_2 stellen die kohärenten sekundären Lichtquellen dar. Aber auch hierbei spielt, im Gegensatz zu der Ansicht Fresnels, die Beugung eine Rolle. Denn die interferierenden reflektierten Lichtwellen überlappen sich nur in einer schmalen Randzone (schraffiert in Abb. 13), in welcher die Intensität des einzelnen Lichtbündels rasch abfällt, und dort ist nach § 12 die Beugung wesentlich. Die Versuche von Fresnel und Young und viele ähnliche Anordnungen liefern

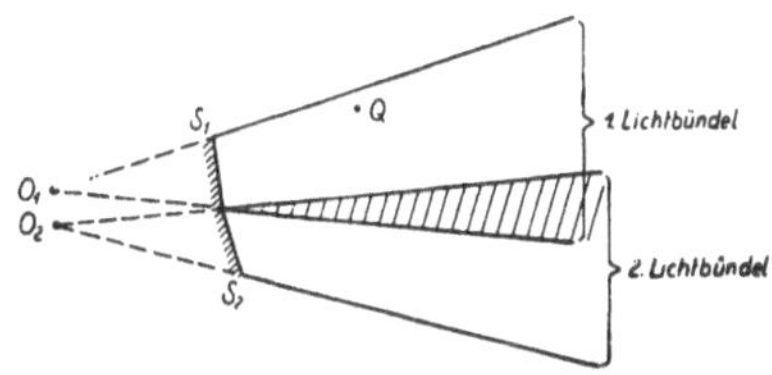

Abb. 13. Der Fresnelsche Interferenzversuch, schematisch. Interferenzen sind nur in dem schraffierten Gebiet zu beobachten.

nur ziemlich lichtschwache Interferenzstreifen, weil die primäre Lichtquelle Q ziemlich klein sein muß. Die Differenz der Phasenkonstanten der sekundären Lichtwellen ist nämlich beim Youngschen Versuch gleich k_0 mal der Differenz der Lichtwege von der Lichtquelle zu den beiden Öffnungen. Hat die Lichtquelle den Abstand b von dem Schirm $O_1 O_2$, so erhält man demnach für einen Teil der Lichtquelle im Abstand ξ von der Mittellinie, analog zu (1)

$$\delta_1 - \delta_2 = k_0 \cdot \frac{d}{b} \xi . \qquad (3)$$

Diese Differenz muß für alle Teile der Lichtquelle klein gegen 2π sein, denn sonst überlagern sich die Interferenzstreifen der verschiedenen Teile der Lichtquelle so, daß keine oder nur sehr verwaschene Streifen entstehen. Die Größe der Lichtquelle ist daher begrenzt durch die Bedingung

$$\xi \ll \frac{b}{d} \cdot \frac{2\pi}{k_0} = \frac{b}{d} \lambda_0 .$$

Dieser Umstand ist in der Astronomie zur Messung des Winkelabstandes zweier Doppelsterne und des Durchmessers einiger Einzelsterne ausgenutzt worden. Dabei wurde eine von Fraunhofer eingeführte Variante des Youngschen Versuches benutzt. Hinter die beiden Öffnungen wird eine Linse gestellt, welche ein Bild der Lichtquelle auf dem Beobachtungsschirm erzeugt bzw. zwei Bilder, denn der Lichtstrom durch jede der Öffnungen ruft ein durch Beugung verbreitertes Bild hervor. Die Intensitätsverteilungen J_1 und J_2 der beiden einzelnen Lichtwellen sind dann identisch. Es ist dann nicht mehr notwendig, die Öffnungen O_1 und O_2 sehr klein zu machen, denn die Ablenkung des Lichtes, welche bei der Youngschen Anordnung durch Beugung bewirkt wurde, wird bei der Fraunhoferschen Anordnung von der Linse besorgt. Verwendet man nun als Lichtquelle einen Doppelstern, so erzeugt jeder von ihnen sein eigenes Streifensystem, denn die Lichtwellen der beiden Sterne sind inkohärent. Wählt man d gerade so groß, daß $\delta_1 - \delta_2$ bei den beiden Sternen um π verschieden ist, so liegen die Intensitätsmaxima des einen Streifensystems gerade auf den Intensitätsminima des anderen. Die Streifen sind also verwaschen. Macht man d doppelt so groß, so sind sie wieder konstrastreich, weil Maximum auf Maximum und Minimum auf Minimum fällt. Aus (3) folgt als Beziehung zwischen dem Winkelabstand $w = \xi/b$ der beiden Sterne und dem Abstand d der Öffnungen in derjenigen Lage, in der die Streifen am stärksten verwaschen erscheinen,

$$w = \frac{\lambda_0}{2d} . \tag{4}$$

Michelson gelang es, in einer ähnlichen Anordnung den Abstand d bis auf 20 m zu vergrößern und nach diesem Prinzip den Winkeldurchmesser von einigen einzelnen Fixsternen zu messen.

Von Pohl[1]) wurde eine neue Anordnung zur Beobachtung dieser Interferenzen angegeben, die nicht mehr den Nachteil

[1]) R. W. Pohl: Naturw. 28 (1940) S. 585.

geringer Lichtstärke besitzt. Bei ihr steht ein dünnes Glimmerblättchen vor der Lichtquelle. Ihre Spiegelbilder an der Vorder- und Rückseite bilden die beiden kohärenten Lichtquellen. Ihr Abstand d ist infolge der geringen Dicke des Blättchens ziemlich klein, der Abstand der Interferenzstreifen daher verhältnismäßig groß. Wenn man das direkte Licht abdeckt, kann man auf einem Schirm parallel zum

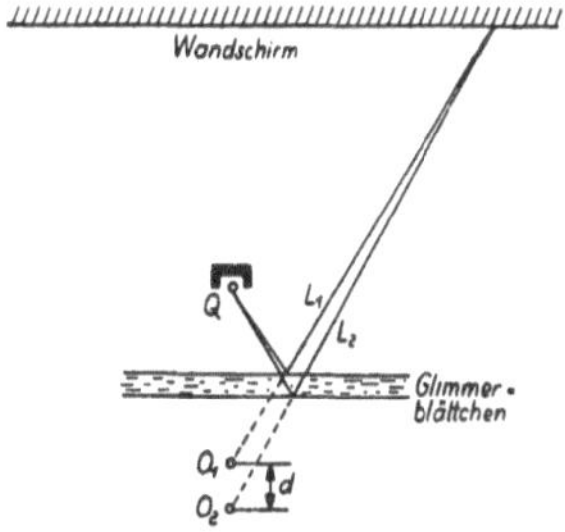

Abb. 14. Die Anordnung von Pohl zur Beobachtung der Young-Fresnelschen Interferenzen (unmaßstäbl.).

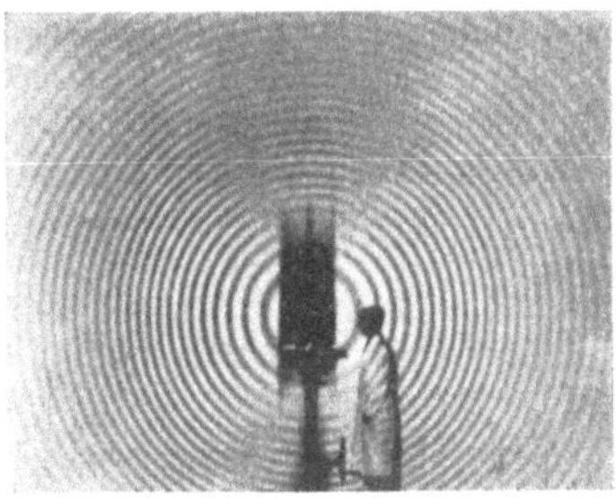

Abb. 15. Interferenzringe auf der weißen Wand eines großen Hörsaales, erzeugt mit der Pohlschen Anordnung für Young-Fresnelsche Interferenzen (nach einer von Herrn Prof. Pohl freundlichst zur Verfügung gestellten Originalaufnahme).

Glimmerblättchen leicht viele Interferenzstreifen auffangen. Auch dabei ist die Größe der Lichtquelle begrenzt; wegen der Kleinheit von d kann diese Grenze aber leicht eingehalten werden. In diesem Fall liegen die beiden sekundären Lichtquellen, im Gegensatz zur Youngschen Anordnung, vom Beobachtungsschirm aus gesehen hintereinander und nicht nebeneinander. Die wesentlichen Kennzeichen der Interferenzen aber sind die gleichen: es interferieren die divergent auseinander laufenden Lichtquellen von zwei kohärenten sekundären Lichtquellen. Die Interferenzen erfüllen ein räumlich ausgedehntes Gebiet, in welchem sie überall auf einem Schirm objektiv sichtbar gemacht werden können.

§ 15. Interferenzen an dünnen Schichten

Überall, wo ein durchsichtiges Medium mit einer Schichtdicke bis zu einigen hundert Wellenlängen auftritt, beobachtet man eine Interferenzerscheinung, welche sich in weißem Licht an der Farbigkeit des reflektierten Lichtes kundtut (Farben dünner Blättchen, z. B. der Ölhäute auf Wasser). In Ausnahmefällen (monochromatisches Licht und Schichten mit parallelen Oberflächen) tritt sie auch an Schichten mit Dicken bis zu einem Zentimeter und mehr auf. Newton untersuchte sie an der Luftschicht zwischen der Kugelfläche einer Linse und einer sie berührenden ebenen Glasplatte (Newtonsche Ringe), deutete sie aber falsch. Zum Unterschied von den Young-Fresnelschen Interferenzen braucht dabei die Ausdehnung der Lichtquelle nicht begrenzt zu sein. Dafür aber ist für das Zustandekommen die Abbildung durch eine Linse wesentlich. Bei subjektiver Beobachtung besorgt das die Augenlinse. Bei objektiver Abbildung auf einen Bildschirm beobachtet man sie nur bei Einstellung auf eine ganz bestimmte Objektebene, die in der Regel in der Nähe der interferenzerzeugenden Schicht liegt, aber nicht genau mit ihr zusammenfällt. Das Auge sucht sich stets unwillkürlich die richtige Einstellebene, und daher ist die Erscheinung subjektiv so leicht zu beobachten. Eine qualitativ richtige Deutung gab Th. Young. Die exakte Theorie der Erscheinung ist ziemlich kompliziert und wurde um 1880 von Feussner[1]) entwickelt. Die meisten elementaren Lehrbücher stellen sie etwas falsch dar.

Bei Beobachtung in Reflexion wird die Lichtwelle, die von einem Punkt Q der ausgedehnten Lichtquelle ausgeht, an der Vorder- und Rückseite der interferenzerzeugenden

[1]) W. Feussner, Marburger Sitzungsberichte 1880, S. 18; Wied. Annalen Bd. 14 (1881) S. 555; W. Feussner und L. Janicki, Handbuch der phys. Optik Bd. I (1926) S. 394—404.

Schicht reflektiert und erzeugt dadurch zwei kohärente Lichtquellen, die von den beiden Spiegelbildern O_2 und O_1 der Lichtquelle herzukommen scheinen (vgl. Abb. 16). Die Lichtwellen, die durch mehrfache Spiegelung an den Grenzflächen entstehen, kann man meist wegen ihrer geringen Intensität vernachlässigen. Jedes einzelne Paar O_2, O_1 von sekundären Lichtquellen erzeugt im Raum vor der Schicht Young-Fresnelsche Interferenzen. Wenn man aber einen Beobachtungsschirm BB dort aufstellen würde, beobachtet man keine Interferenzstreifen, weil es viele kohärent

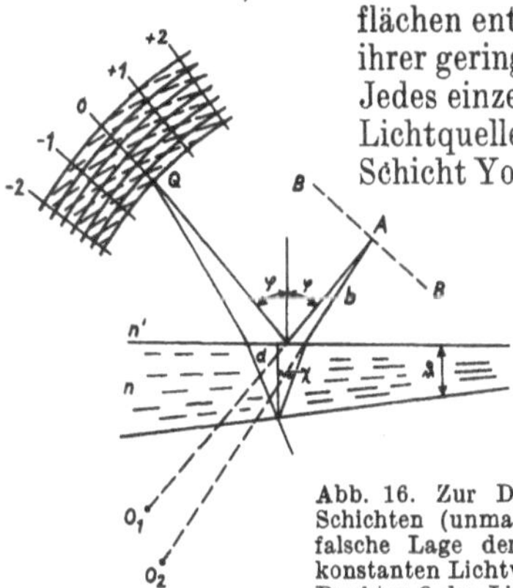

Abb. 16. Zur Deutung der Interferenzen an dünnen Schichten (unmaßstäblich). Der Strahlengang für eine falsche Lage der Einstellebene BB und die Flächen konstanten Lichtweges von A aus in der Umgebung eines Punktes Q der Lichtquelle.

strahlende, sekundäre Lichtquellenpaare mit verschiedenen Phasendifferenzen $k_0 (L_2 - L_1)$ gibt, so daß das Interferenzglied W nach § 13 im Mittel überall verschwindet. Aber bei einer Abbildung der Beobachtungsebene BB mittels einer Linse auf eine Bildebene gelangt erstens wegen der endlichen Öffnung der Linse nur ein Teil der Paare von sekundären Lichtquellen zur Wirksamkeit, und zweitens kann man durch geeignete Wahl der Einstellebene dafür sorgen, daß der Gangunterschied $L_1 - L_2$ in Abhängigkeit von der Richtung vom Beobachtungspunkt A zu den sekundären Lichtquellen in der Mitte des ausgeblendeten Lichtkegels ein Extremum besitzt und sich daher bei nicht zu großem Öffnungswinkel in dem ausgenutzten Winkelbereich nur wenig ändert.

Wenn die interferenzerzeugende Schicht ein Keil ist, dessen Kante senkrecht auf der Ebene durch den einfallenden Strahl und den an der Vorderseite reflektierten Strahl steht, ist die im obigen Sinne richtige Einstellebene dann erreicht, wenn die beiden Lichtwege von Q nach A vor der Schicht zusammenfallen. Um das einzusehen, denken wir uns die Gesamtheit aller von A ausgehenden Lichtwege konstruiert und die zu ihnen orthogonalen Flächenscharen konstanten Lichtweges L für äquidistante Werte von L mit der Differenz $\lambda_0/2$. Die beiden Scharen für die an der Vorderseite und an der Rückseite reflektierten Lichtwege sind in Abb. 16 ausgezogen und gestrichelt dargestellt. Die Punkte der ausgedehnten Lichtquelle, die im Punkte A den gleichen Wert von $L_1 - L_2$ haben, liegen dann offenbar „diagonal" zu diesen Flächenscharen, wie es in Abb. 16 die mit 0, ± 1, ± 2 usw. markierten, dünn ausgezogenen Linien andeuten. Wenn etwa der Punkt Q und damit auch alle Punkte auf 0 in A ein Intensitätsmaximum hervorrufen, erzeugen die Punkte auf den Flächen ± 1 ein Minimum usw. Wenn derjenige Teil der Lichtquelle, der zur Interferenz beiträgt, außer dem Punkt Q auch noch das Gebiet bis zu den Flächen ± 1 umfaßt, gibt es gleich viele Punkte mit maximaler und minimaler Intensität, und dann beobachtet man keine Interferenzstreifen. Verschiebt man dagegen die Ebene BB an eine solche Stelle, daß die beiden von Q ausgehenden Lichtwege zusammenfallen, dann berühren sich dort die Flächen $L =$ konst. Dann haben die Flächen ± 1 von der Fläche 0 besonders großen Abstand, und dann tritt die Interferenzerscheinung hervor, wenn nicht die Apertur der Abbildungslinse ungewöhnlich groß ist.

Ist die interferenzerzeugende Schicht kein Keil in der oben bezeichneten Lage, dann gibt es im allgemeinen gar keine Lage der Objektebene BB, für die die beiden von Q ausgehenden Strahlen zusammenfallen. Dann ist die Theorie dieser Interferenzerscheinung schwierig. Für einen Keil mit dem kleinen Keilwinkel ϑ ergibt sich durch elementare, geometrische Rechnung für den Abstand b der richtigen Einstellebene von der Schicht für Beobachtung unter dem Einfallswinkel φ an einer Schicht der Dicke d mit dem Brechungsindex n in einer Umgebung mit dem Brechungsindex n'

$$b = \frac{d}{\vartheta} \cdot \frac{\sin\varphi \cos^2\varphi}{n^2/n'^2 - \sin^2\varphi}. \tag{1}$$

Ist χ der Winkel zwischen dem gebrochenen Strahl und dem Einfallslot auf der Vorderseite, so ist der Gangunterschied der Strahlen

$$L_2 - L_1 = \frac{2nd}{\cos\chi} - 2n'd \operatorname{tg}\chi \sin\varphi = 2nd\cos\chi. \tag{2}$$

Blickt man senkrecht auf die interferenzerzeugende Schicht, also $\varphi = 0$, so muß man nach (1) die Schicht selbst zur Abbildung bringen: $b = 0$. Blickt man schräg von der Keilkante her, wie es in Abb. 16 dargestellt ist, so muß man eine Ebene vor der Schicht abbilden, sonst eine Ebene dahinter. Wenn die interferenzerzeugende Schicht planparallel ist, also $\vartheta = 0$, so muß man für jede Blickrichtung φ auf die unendlich ferne Ebene einstellen. Die Interferenzen erscheinen dann in der Brennebene der abbildenden Linse. Da jedem Punkt in der Brennebene eine bestimmte Richtung der einfallenden Strahlen entspricht, nennt man die Kurven gleicher Helligkeit in diesem Falle auch Kurven gleicher Neigung. Wenn die Schichtdicke veränderlich und nicht sehr groß ist, so daß man eine Objektebene BB in der Nähe der interferenzerzeugenden Schicht abbilden muß, so sind die Kurven gleicher Helligkeit im Interferenzbild nahezu Kurven konstanter Dicke d. Das gilt streng nur für eine Beobachtungsrichtung senkrecht zur Schicht, weil nach (2) nur für sehr kleine φ die Bedingung $L_2 - L_1 =$ konst. mit $d =$ konst. übereinstimmt.

§ 16. Das Interferometer von Perot und Fabry

Von den zahlreichen Anordnungen zur Beobachtung der Interferenzen an einer planparallelen Schicht wollen wir hier nur das Interferometer von Perot und Fabry besprechen. Es besteht aus zwei schwach verspiegelten ebenen Glasplatten, die leicht an die Kanten eines Invarstahl-Ringes gepreßt werden und so eine planparallele Luftschicht einschließen

(Abb. 17). Infolge der Verspiegelung tragen dann nicht nur zwei, sondern viele der durch wiederholte Reflexion entstehenden Lichtwellen wesentlich zur Interferenz bei. In der Brennebene einer Linse dahinter beobachtet man dann, wie wir jetzt zeigen wollen, helle scharfe Interferenzringe.

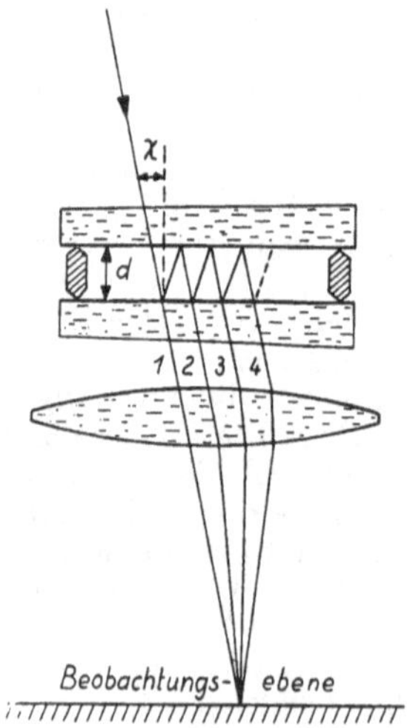

Abb. 17. Das Interferometer von Perot und Fabry, schematisch. Die Brechung in den Glasplatten ist in der Abbildung vernachlässigt worden.

An einer bestimmten Stelle der Brennebene möge etwa die komplexe Amplitude derjenigen Welle, welche durch die beiden verspiegelten Oberflächen ohne Reflexion hindurchläuft, durch s_1 gegeben sein. Ist d die Schichtdicke und χ der Winkel zwischen den Strahlen in der Schicht und der Normalen, so hat nach (§ 15; 2) die zweite Welle, die an jeder der Oberflächen einmal reflektiert wird, einen um $\delta = 2nd \cos \chi$ längeren Lichtweg durchlaufen. Die Phase ist also um $k_0\delta$ größer. Das Reflexionsvermögen, d. h. das Verhältnis der Intensitäten der reflektierten und der einfallenden Welle, wollen wir mit R bezeichnen. Da die Intensität quadratisch von der Amplitude abhängt, ändert sich die Amplitude bei einmaliger Reflexion um den Faktor $\sqrt{R}$, bei zweimaliger also um R. Die komplexe Amplitude der zweiten Welle am Beobachtungsort beträgt demnach $s_2 = s_1 \cdot R e^{ik_0\delta}$. Bei der dritten Welle, welche je zweimal an den verspiegelten Oberflächen reflektiert wird, hat sie dann die Größe $s_3 = s_1 \cdot R^2 e^{2ik_0\delta}$ usw. Die gesamte Amplitude beträgt daher

$$s = s_1 + s_2 + s_3 + \cdots = s_1 \sum_{p=0}^{\infty} R^p e^{pik_0\delta}. \qquad (1)$$

Diese geometrische Reihe ist leicht zu summieren und ergibt

$$s = \frac{s_1'}{1 - R e^{i k_0 \delta}}. \tag{2}$$

Für die Intensität in Abhängigkeit von δ erhält man daraus die Formel

$$J = \tfrac{1}{2} |s|^2 = \frac{1}{2} \frac{|s_1|^2}{1 + R^2 - 2 R \cos k_0 \delta}. \tag{3}$$

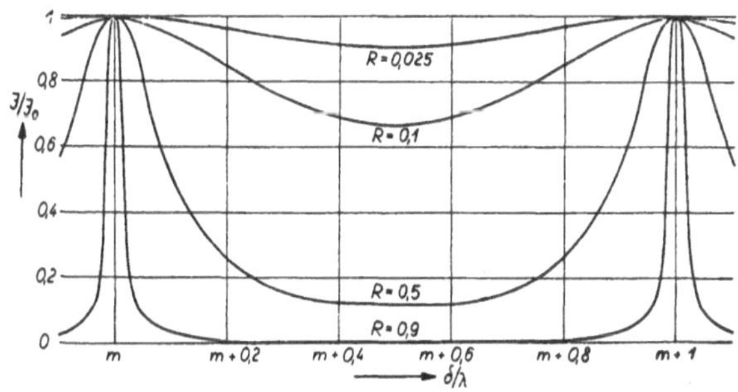

Abb. 18. Der Intensitätsverlauf hinter einem Perot-Fabry-Interferometer in Abhängigkeit vom Verhältnis Lichtwegdifferenz δ zur Vakuumwellenlänge λ_0 für einige Wert des Reflexionsvermögens R.

An den Stellen, wo $\cos k_0 \delta = 1$ ist, hat die Intensität ein Maximum. Bezeichnet man den Maximalwert mit J_0, so lautet (3)

$$\frac{J}{J_0} = \frac{1}{1 + \frac{4 R}{(1 - R)^2} \sin^2 \frac{k_0 \delta}{2}}. \tag{4}$$

Bei großem Reflexionsvermögen ist R fast gleich 1, $\frac{4 R}{(1 - R)^2}$ also ziemlich groß. Dann treten scharfe Intensitätsmaxima und dazwischen breite dunkle Zonen auf, wie man an Abb. 18 erkennt, wo J/J_0 als Funktion von $k_0 \delta / 2\pi$ für einige Werte von R dargestellt ist. An den Stellen maximaler Intensität ist $k_0 \delta / 2\pi$ gleich einer ganzen Zahl m, welche man die Ordnung des Interferenzringes nennt. Führt man statt k_0 die

Wellenlänge $\lambda = \lambda_0/n = 2\pi/k_0 n$ innerhalb der interferenzerzeugenden Schicht ein, so erhält man für den Winkel χ_m zu dem Intensitätsmaximum m-ter Ordnung

$$2d \cos \chi_m = m\lambda. \tag{5}$$

Diese Gleichung besagt, daß der Wegunterschied zweier Strahlen das m-fache der Wellenlänge beträgt. Bei den praktisch benutzten Interferometern mit Dicken von einigen Millimetern liegt m in der Größenordnung von 10^4.

Mit Hilfe dieser Interferenzen kann man sehr genaue Längenmessungen ausführen. Durch Ausmessung der Ringradien für einige Lichtwellen mit bekannten Wellenlängenverhältnissen kann man zunächst die ganze Zahl m genau festlegen. Dann kann man aus den Ringradien $\cos\chi_m$ bestimmen und über m auftragen. Das liefert nach (5) eine Gerade. Der Schnittpunkt dieser Geraden mit der Ordinate $\cos\chi = 1$ liefert $2d/\lambda$. Bei scharfen Interferenzringen kann man diesen Wert noch für Schichtdicken von mehr als 100000 Wellenlängen auf 3 Dezimalen hinter dem Komma festlegen, was einen Längenvergleich mit der relativen Genauigkeit bis 10^{-8} ermöglicht.

Nach diesem oder ähnlichen Verfahren hat man die Länge des Meters in Lichtwellenlängen ausgemessen. Die erste dieser Messungen wurde von Michelson ausgeführt. Allerdings kann man nicht direkt Interferenzen zwischen parallelen Schichten mit 1 m Abstand beobachten, weil jedes Licht bei größeren Gangunterschieden als einer für die Lichtquelle typischen Kohärenzlänge seine Interferenzfähigkeit verliert. In einer tiefgekühlten Gasentladung mit geringem Gasdruck, in der die Störung der Emissionsprozesse durch die Zusammenstöße der Moleküle und die Frequenzänderung durch den Dopplereffekt bei ihrer thermischen Bewegung keine Rolle mehr spielt, ist die Kohärenzlänge dadurch gegeben, daß jedes Molekül nach einem Anstoß seine Energie in einer Zeit von etwa 10^{-9} sek ausstrahlt. Es erzeugt also endliche Wellenzüge mit einer ungefähren Länge von 30 cm Länge. Ist die Lichtwegdifferenz der interferierenden Wellen wesentlich größer, so ist der erste Wellenzug am Beobachtungsort bereits vorbeigelaufen, wenn die Spitze des zweiten mit längerem Lichtweg eintrifft. Jede Störung der Ausstrahlung der Atome oder Moleküle vermindert die Kohärenzlänge. Interferenzen mit Lichtwegdifferenzen der Größenordnung 1 m und mehr sind daher mit dem Licht normaler Lichtquellen nicht herstellbar. Die Wellen eines Radiosenders und das Licht eines Lasers, bei denen die Phasenkonstante δ des emittierten Lichtes konstant ist (vgl. § 13), haben dagegen keine endliche Kohärenzlänge in diesem Sinne. Die Interferenzfähigkeit ist bei ihnen durch sekundäre Störungen begrenzt.

Bei den besten, heute entwickelten interferometrischen Methoden zur Längenmessung kann man Strecken in Lichtwellenlängen genauer ausmessen als durch Vergleich mit dem Normalmeter. Die Länge eines Meters war jahrzehntelang durch den Abstand zweier Teilstriche auf dem bei Paris aufbewahrten Normalmetermaßstab definiert. Da diese Teilstriche eine endliche Dicke besitzen, ist diese Definition mit einer natürlichen Ungenauigkeit behaftet, die bei einer Präzisionslängenmessung mit Interferenzen heute übertroffen wird. Die Generalkonferenz für Maße und Gewichte hat deshalb im Jahre 1960 beschlossen, die Längeneinheit Meter nicht mehr durch einen Maßstab, sondern als Vielfaches einer Wellenlänge zu definieren. Nach langen Vorbereitungsmaßnahmen wählte man als am besten geeignet die Wellenlänge der Strahlung des Kryptonisotops der Massenzahl 86 beim Übergang vom $5d_5$- zum $2p_{10}$-Niveau. Es wurde festgelegt, daß fortan

$$1\,\text{m} = 1\,650\,763{,}73 \text{ Wellenlängen}$$

dieser Strahlung im Vakuum sein solle. Das stimmt so genau wie möglich mit der älteren Definition des Meters überein.

Die häufigste Anwendung des Perot-Fabry-Interferometers bildet die Messung kleiner Wellenlängendifferenzen. Wenn die Lichtquelle Licht mit den nah benachbarten Wellenlängen λ und λ' aussendet, ist jedes Intensitätsmaximum doppelt. Für die Differenz der $\cos \chi_m$-Werte der Maxima gleicher Ordnung erhält man aus (5)

$$\cos \chi_m - \cos \chi'_m = \frac{m}{2\,d}(\lambda - \lambda'). \qquad (6)$$

Man vergleicht diese Differenz mit der Änderung $\Delta \cos \chi$ von $\cos \chi$ zwischen zwei benachbarten Intensitätsmaximas der gleichen Wellenlänge, welche nach (5) den Wert

$$\Delta \cos \chi = \lambda/2d \qquad (7)$$

besitzt. Division von (6) und (7) ergibt

$$\frac{\cos\chi' - \cos\chi}{\Delta \cos\chi} = m \cdot \frac{\lambda' - \lambda}{\lambda}. \qquad (8)$$

Durch Messung des Verhältnisses auf der linken Seite dieser Gleichung kann man bei großem m noch sehr kleine Wellenlängendifferenzen $\lambda' - \lambda$ ermitteln. Den Quotienten aus der Wellenlänge λ dividiert durch die kleinste, noch trennbare Wellenlängendifferenz $(\lambda' - \lambda)_{\min}$ nennt man das Auflösungsvermögen eines Spektralapparates. Nach (8) ist es beim Perot-Fabry-Interferometer um so größer, je höher m ist und je schärfer die einzelnen Interferenzringe sind, denn um so kleiner ist der Minimalwert von $\cos \chi' - \cos \chi$, der noch zwei getrennte Intensitätsmaxima für benachbarte Wellenlängen liefert. Aus diesem Grunde macht man das Reflexionsvermögen R der Verspiegelung nahezu gleich 1.

§ 17. Interferenzen an Gittern

Die am häufigsten benutzte Methode zur Absolutmessung der Lichtwellenlängen ist die Beobachtung der Interferenzen an sog. Strichgittern. Darunter versteht man durchsichtige oder reflektierende Körper, in deren Oberfläche parallele Furchen eingeritzt sind. Läßt man eine ebene Lichtwelle darauf fallen, so treten infolge der periodischen Oberflächenstruktur in bestimmten Richtungen gestreute Wellen auf. Man beobachtet die von ihnen erzeugte Intensitätsverteilung in der Brennebene einer Linse.

Zu ihrer Berechnung unterteilen wir in Gedanken das Gitter in lauter identische Perioden, die auseinander durch eine Verschiebung um den Vektor $\mathfrak{a}$ hervorgehen (vgl. Abb. 19). Zur Vereinfachung der Theorie wollen wir so rechnen, als ob die Intensität, mit der die einzelnen Atome zum Mitschwingen und Aussenden der sekundären Streuwellen angeregt werden, nur von der einfallenden Welle abhängt, nicht von den gestreuten Wellen. Das ist zulässig, wenn die Intensität der Streuwellen klein ist. Die Lichterregung, die die Gesamtheit aller Atome einer Periode am Beobachtungspunkt hervorruft, hat dann für jede Periode die gleiche Amplitude, nur nicht die gleiche Phase. Es sei $\mathfrak{s}_0$ der Einheitsvektor in Richtung der Wellennormalen der einfallenden ebenen Welle und $\mathfrak{s}$ derjenige in Richtung der Lichtstrahlen vom Gitter zum Beobachtungspunkt B (vgl. Abb. 19). Die Differenz der Lichtwege von der Lichtquelle bis zu zwei entsprechend liegenden Atomen in der $(p+1)$-ten und der ersten Periode ist dann gleich dem Brechungsindex n mal dem Abstand der Ebenen senkrecht zu $\mathfrak{s}_0$ durch diese Atome, also gleich $np\,(\mathfrak{a}\mathfrak{s}_0)$. Die Differenz der Lichtwege von den gleichen Atomen bis B ist entsprechend $-np\,(\mathfrak{a}\mathfrak{s})$. Ist λ die Wellenlänge in dem Medium vor dem Gitter, so ist die gesamte Phasendifferenz, also k_0 mal der Lichtwegdifferenz $L_{p+1}-L_1$, gegeben durch

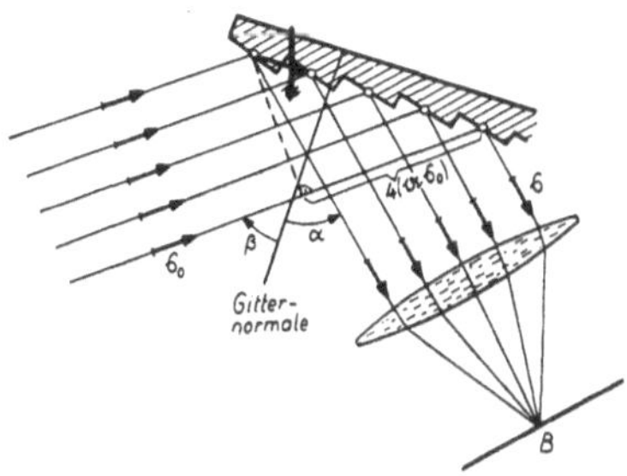

Abb. 19. Zur Berechnung der Gitterinterferenzen: Ein Reflexionsgitter mit 5 Perioden und 5 entsprechend liegenden Punkten.

$$k_0\,(L_{p+1}-L_1)=\frac{2\pi}{\lambda}\,p\,(\mathfrak{a},\,\mathfrak{s}_0-\mathfrak{s}). \tag{1}$$

Wenn die Atome der ersten Gitterperiode insgesamt am Beobachtungspunkt eine Lichterregung mit der komplexen Amplitude s_1 erzeugen, beträgt demnach die Amplitude der Lichterregung von der $(p+1)$-ten Periode $s_1 e^{-\frac{2\pi i}{\lambda}p\,(\mathfrak{a},\,\mathfrak{s}_0-\mathfrak{s})}$.

Für ein Gitter aus N Perioden erhält man daher für die Amplitude der totalen Lichterregung die geometrische Reihe

$$s = s_1 \sum_{p=0}^{N-1} e^{-\frac{2\pi i}{\lambda} p (\mathfrak{a}, \mathfrak{s}_0 - \mathfrak{s})} = s_1 \frac{e^{-\frac{2\pi i}{\lambda} N (\mathfrak{a}, \mathfrak{s}_0 - \mathfrak{s})} - 1}{e^{-\frac{2\pi i}{\lambda} (\mathfrak{a}, \mathfrak{s}_0 - \mathfrak{s})} - 1}. \tag{2}$$

Schreibt man zur Abkürzung

$$\frac{(\mathfrak{a}, \mathfrak{s} - \mathfrak{s}_0)}{\lambda} = h, \tag{3}$$

so erhält man für die Intensität nach einigen elementaren Umformungen

$$J = \tfrac{1}{2} |s|^2 = \tfrac{1}{2} |s_1|^2 \left(\frac{\sin \pi N h}{\sin \pi h}\right)^2. \tag{4}$$

Die Intensität ist hiernach ein Produkt aus zwei Faktoren. Der erste Faktor $\frac{1}{2}|s_1|^2$ hängt nur von der Gestaltung einer einzelnen Periode ab und wird Strukturfaktor genannt. Er hängt natürlich auch noch von der Lage des Beobachtungspunktes bzw. von der Richtung des Vektors $\mathfrak{s}$ ab, ändert sich aber im allgemeinen im Gegensatz zum zweiten Faktor verhältnismäßig langsam mit $\mathfrak{s}$.

Der zweite Faktor, der Gitterfaktor, rührt von der Periodizität des Gitters her. Wenn h gleich einer ganzen Zahl wird, verschwindet in (4) der Nenner. Der Bruch wird aber nicht unendlich, weil auch der Zähler verschwindet. Setzt man $h = m + \varepsilon$ (m ganzzahlig), so gilt für kleine ε $|\sin \pi h| \approx \pi \varepsilon$ und $|\sin \pi N h| \approx \pi N \varepsilon$. Der Gitterfaktor wird also für $h = m$ gleich N^2. Das ist unmittelbar verständlich. Wenn h ganzzahlig ist, sind die Phasendifferenzen der Streuwellen aller N Perioden an der betrachteten Stelle gleich einem ganzzahligen Vielfachen von 2π, d. h. die Wellen haben die gleiche Phase. Die Amplitude ist daher N mal so groß und die Intensität N^2 mal so groß als bei der Streuwelle einer einzelnen Periode. In allen anderen Richtungen ist der Gitterfaktor kleiner. Zwischen zwei seiner Maxima, etwa zwischen $h = m$ und $h = m + 1$, verschwindet der Zähler $(N-1)$ mal, der Nenner aber nicht. Da der Gitterfaktor stets positiv ist, liegt zwischen zwei Nullstellen immer ein Nebenmaximum, und zwar angenähert in der Mitte dazwischen, wo der Zähler gleich 1 wird. Die Höhe dieser Nebenmaxima nimmt mit wachsendem Abstand von den Hauptmaximas rasch ab. Das erste Nebenmaximum hat bei sehr großem N nur etwa $^1/_{20}$ der Höhe des Hauptmaximums (vgl. Abb. 20). Bei großer Strichzahl N erhält man also Streulicht praktisch nur an denjenigen Stellen, wo h ganzzahlig ist. Diese ganze Zahl nennt man die Ordnung der Interferenz.

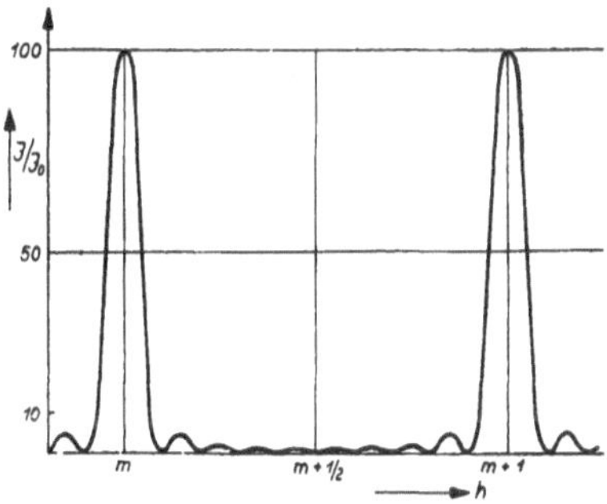

Abb. 20. Der Gitterfaktor $\frac{J}{J_0} = \left(\frac{\sin \pi N h}{\sin \pi h}\right)^2$ in Abhängigkeit von h für $N = 10$. Für größeres N sind die Hauptmaxima höher und schärfer.

Für zwei einfache Fälle wollen wir den Inhalt dieser Bedingung weiter diskutieren. Gitter aus durchsichtigem Material verwendet man meist so, daß die einfallende Welle senkrecht zur Gitterebene auftrifft. Dann ist $\mathfrak{a} \perp \mathfrak{s}_0$. Ist α der Winkel zwischen der Beobachtungsrichtung und der Gitternormalen, so gilt dann für die m-te Ordnung

$$\sin \alpha = \frac{m\lambda}{|\mathfrak{a}|} \,. \tag{5}$$

Die einfallende ebene Welle erzeugt man in der Regel dadurch, daß man auch vor dem Gitter eine Linse anbringt und als Lichtquelle einen zu den Gitterfurchen parallelen Spalt in die Brennebene stellt.

Hochwertige Gitter werden meist aus Metallspiegeln hergestellt und in Reflexion benutzt. Bezeichnet man die Winkel zwischen Einfalls- und Beobachtungsrichtung und der Gitternormalen mit β und α (vgl. Abb. 19), so lautet in diesem Fall die Bedingung für maximale Intensität in m-ter Ordnung

$$|\mathfrak{a}| (\sin\alpha - \sin\beta) = m\lambda. \tag{6}$$

Man kann dann die im vorigen Fall nötigen Linsen zur Erzeugung einer ebenen Welle aus dem vom Spalt austretenden Licht und zur Sammlung des gestreuten Lichtes sparen. Man bildet das Gitter als Hohlspiegel aus und bringt den Spalt sowie die zur Aufnahme des Spektrums dienende photographische Schicht auf einem Kreise an, dessen Durchmesser mit dem Krümmungsradius des Hohlspiegels übereinstimmt und die Spiegelfläche berührt (Rowland-Kreis). Die Teilung des Gitters muß dabei in Richtung der Spiegelsehne gleichmäßig sein, nicht längs des Umfanges. Aus der Geometrie ergibt sich dann, daß bei nicht zu großem Öffnungswinkel des Spiegels die Bedingung (6) an jeder Stelle des Spiegels erfüllt ist.

Die Breite des Gebietes in der Beobachtungsebene, in welcher in der Umgebung der Stelle mit $h = m$ noch eine wesentliche Intensität auftritt, ist nach Abb. 20 ungefähr $1/N$ des Abstandes benachbarter Ordnungen. Die Intensitätsmaxima benachbarter Wellenlängen λ und λ' erscheinen demnach in m-ter Ordnung nur dann getrennt, wenn ihr Abstand größer ist als $1/N$ von demjenigen benachbarter Ordnungen. Dort, wo $(\mathfrak{a}, \mathfrak{s} - \mathfrak{s}_0)/\lambda' = m$ ist, muß also $|(\mathfrak{a}, \mathfrak{s} - \mathfrak{s}_0)/\lambda - m| > 1/N$ sein; daraus folgt $\frac{\lambda' - \lambda}{\lambda}\, m > \frac{1}{N}$. Das Auflösungsvermögen eines Gitters beträgt demnach

$$\frac{\lambda}{(\lambda' - \lambda)_{\min}} = mN, \tag{7}$$

ist also gleich der Ordnung m mal der Gesamtstrichzahl N.

Zur Erreichung eines hohen Auflösungsvermögens wird man an einem gegebenen Gitter deshalb das Spektrum in möglichst hoher Ordnung beobachten. Da $\mathfrak{s}$ und $\mathfrak{s}_0$ Einheitsvektoren sind, kann aber $(\mathfrak{a}, \mathfrak{s}-\mathfrak{s}_0)$ nicht größer als $2|\mathfrak{a}|$ werden, also nach (3) auch $m=h$ nicht größer als $2|\mathfrak{a}|/\lambda$. Der Maximalwert des Auflösungsvermögens ist demnach gleich der Gesamtbreite $N|\mathfrak{a}|$ des Gitters, dividiert durch die halbe Wellenlänge. Wenn ein Gitter mit vorgeschriebenem Auflösungsvermögen hergestellt werden soll, ist daher seine Mindestbreite gegeben. Eine kleine Gitterkonstante ist unter diesen Bedingungen nur deshalb zweckmäßig, weil dann auch m klein wird. Dann läßt sich ein größeres Wellenlängengebiet auf einmal ohne Überlappung verschiedener Ordnungen beobachten.

§ 18. Interferenzen an Raumgittern

1913 entdeckten M. von Laue, W. Friedrich und P. Knipping, daß Röntgenstrahlen an Kristallen Interferenzen zeigen. Daraus folgt erstens, daß Röntgenstrahlen eine Wellenstrahlung darstellen, und zweitens, daß die Atome in Kristallen ein räumlich periodisches Gitter bilden. Diese Entdeckung begründete daher die Röntgenspektroskopie, welche sich später als äußerst wichtig für die Atomtheorie erwiesen hat. Ferner ermöglichte sie eine Strukturbestimmung der Kristalle und eröffnete damit einen neuen Abschnitt der Kristallographie. Wir wollen hier nur die Bedingungen für das Auftreten von Interferenzen von Röntgenwellen an Kristallen behandeln.

Ein räumlich periodisches Gitter besitzt drei nicht in einer Ebene liegende Vektoren $\mathfrak{a}_1, \mathfrak{a}_2, \mathfrak{a}_3$ mit der Eigenschaft, daß eine Verschiebung des Gitters um eine durch diese Vektoren gegebene gerichtete Strecke alle Gitterbausteine in eine Lage bringt, wo vorher ein gleichartiger Gitterbaustein lag. Eine solche Verschiebung nennt man eine Deckungstranslation. Ein wirklicher Kristall erfüllt diese Bedingung nicht ganz, weil er erstens eine Oberfläche besitzt, wo die Periodizität aufhört, und zweitens infolge von Verunreinigungen und sonstigen Unvollkommenheiten Gitterbaufehler besitzt. Wenn eine Verschiebung um $\mathfrak{a}_1$, $\mathfrak{a}_2$ oder $\mathfrak{a}_3$ eine Deckungstranslation darstellt, ist natürlich eine Verschiebung um $l\mathfrak{a}_1+m\mathfrak{a}_2+n\mathfrak{a}_3$ (l, m, n ganzzahlig) auch eine. Zur Beschreibung des Gitters genügt die Angabe der Atomlagen in dem durch $\mathfrak{a}_1$, $\mathfrak{a}_2$ und $\mathfrak{a}_3$ aufgespannten Parallelepiped mit dem Volumen $(\mathfrak{a}_1[\mathfrak{a}_2\mathfrak{a}_3])$; denn das ganze Gitter entsteht durch periodische Wiederholung dieses Volumens. Sind $\mathfrak{a}_1$, $\mathfrak{a}_2$, $\mathfrak{a}_3$ die dem Betrage nach kleinsten und nicht in einer Ebene liegenden Vektoren von Deckungstranslationen, so nennt man das Volumen $(\mathfrak{a}_1[\mathfrak{a}_2\mathfrak{a}_3])$ die Elementarzelle. Die Vektoren $\mathfrak{a}_1$, $\mathfrak{a}_2$ und $\mathfrak{a}_3$ sind im allgemeinen nicht eindeutig bestimmt. Manchmal wählt man auch, um die Symmetrie des Gitters besser zum Ausdruck zu bringen, nicht die absolut kleinsten dieser Vektoren zur Beschreibung des Gitters.

Außer den Translationen gibt es in einem Gitter noch weitere Symmetrieoperationen, die das Gitter mit sich selbst zur Deckung bringen, z. B. Spiegelungen, Drehungen um bestimmte Achsen und Winkel oder Kombinationen dieser Operationen. Solche Symmetrieoperationen kann man auf 230 qualitativ verschiedene Weisen miteinander kombinieren. Diese 230 Raumgruppen faßt man in 32 Kristallklassen zusammen. Die Raumgruppen einer Klasse haben die gleichen makroskopisch feststellbaren Symmetrieeigenschaften. Die erste Aufgabe einer Röntgenstrukturanalyse besteht in der Ermittlung der Raumgruppe. Die zweite Aufgabe ist die Bestimmung der Lagen aller einzelnen Atome.

Wenn ein Kristallgitter von einer ebenen Röntgenwelle mit einer Fortschreitungsrichtung parallel zum Einheitsvektor $\mathfrak{s}_0$ getroffen wird, werden die Elektronen im Gitter zum Mitschwingen und Aussenden von Streuwellen veranlaßt. Wir berechnen die Intensität der Streuwelle in großem Abstand vom Kristall in einem Punkt, der vom Kristall aus in Richtung des Einheitsvektors $\mathfrak{s}$ liegt. Ist s_1 die komplexe Amplitude der Streuwellen aller Elektronen in der ersten Elementarzelle zusammen, so erhält man für die gesamte Amplitude, analog zu (§ 17; 2)

$$s = s_1 \sum_{l,m,n} e^{-\frac{2\pi i}{\lambda}(l\mathfrak{a}_1 + m\mathfrak{a}_2 + n\mathfrak{a}_3,\, \mathfrak{s}_0 - \mathfrak{s})} \,. \tag{1}$$

Die Summe läuft über die ganzen Zahlen l, m, n, soweit die entsprechenden Elementarzellen im Gitter vorhanden sind. Da deren Anzahl in einem makroskopischen Kristall sehr groß ist, erhält man ebenso wie bei einem Strichgitter mit sehr vielen Perioden bei Durchführung der Summation praktisch immer null außer in nächster Nähe derjenigen Richtungen, für die alle e-Potenzen in (1) gleich 1 sind. Daraus folgen die drei Laueschen Bedingungen für ein Intensitätsmaximum der Streuwelle, analog zu (§ 17;3),

$$(\mathfrak{a}_1, \mathfrak{s} - \mathfrak{s}_0) = h_1 \lambda, \tag{2a}$$

$$(\mathfrak{a}_2, \mathfrak{s} - \mathfrak{s}_0) = h_2 \lambda, \tag{2b}$$

$$(\mathfrak{a}_3, \mathfrak{s} - \mathfrak{s}_0) = h_3 \lambda, \tag{2c}$$

mit ganzzahligem h_1, h_2, h_3.

Diese Gleichungen formen wir um durch Einführung der zu $\mathfrak{a}_1, \mathfrak{a}_2, \mathfrak{a}_3$ reziproken Vektoren $\mathfrak{b}_1, \mathfrak{b}_2, \mathfrak{b}_3$. Diese werden durch die folgenden Beziehungen definiert:

$$\mathfrak{b}_1 = \frac{[\mathfrak{a}_2 \mathfrak{a}_3]}{\mathfrak{a}_1 [\mathfrak{a}_2 \mathfrak{a}_3]}, \quad \mathfrak{b}_2 = \frac{[\mathfrak{a}_3 \mathfrak{a}_1]}{\mathfrak{a}_1 [\mathfrak{a}_2 \mathfrak{a}_3]}, \quad \mathfrak{b}_3 = \frac{[\mathfrak{a}_1 \mathfrak{a}_2]}{\mathfrak{a}_1 [\mathfrak{a}_2 \mathfrak{a}_3]}. \tag{3}$$

Offenbar ist

$$(\mathfrak{a}_1 \mathfrak{b}_1) = (\mathfrak{a}_2 \mathfrak{b}_2) = (\mathfrak{a}_3 \mathfrak{b}_3) = 1 \tag{4}$$

und

$$(\mathfrak{a}_1 \mathfrak{b}_2) = (\mathfrak{a}_1 \mathfrak{b}_3) = (\mathfrak{a}_2 \mathfrak{b}_1) = (\mathfrak{a}_2 \mathfrak{b}_3) = (\mathfrak{a}_3 \mathfrak{b}_1) = (\mathfrak{a}_3 \mathfrak{b}_2) = 0. \tag{5}$$

Da $\mathfrak{a}_1, \mathfrak{a}_2, \mathfrak{a}_3$ nicht in einer Ebene liegen, gilt das gleiche von $\mathfrak{b}_1, \mathfrak{b}_2, \mathfrak{b}_3$; denn $\mathfrak{b}_1$ ist senkrecht auf der Ebene durch $\mathfrak{a}_2$ und $\mathfrak{a}_3$, $\mathfrak{b}_2$ senkrecht auf der Ebene durch $\mathfrak{a}_3$ und $\mathfrak{a}_1$ usw. Man kann daher jeden Vektor $\mathfrak{h}$ in der Form

$$\mathfrak{h} = \xi_1 \mathfrak{b}_1 + \xi_2 \mathfrak{b}_2 + \xi_3 \mathfrak{b}_3 \tag{6}$$

darstellen. Multipliziert man diese Gleichung nacheinander skalar mit $\mathfrak{a}_1$, $\mathfrak{a}_2$ und $\mathfrak{a}_3$, so erhält man für die Komponenten ξ_1, ξ_2, ξ_3 von $\mathfrak{h}$

$$\xi_1 = (\mathfrak{a}_1 \mathfrak{h}), \quad \xi_2 = (\mathfrak{a}_2 \mathfrak{h}), \quad \xi_3 = (\mathfrak{a}_3 \mathfrak{h}). \tag{7}$$

Vergleich dieser Beziehungen mit (2) läßt erkennen, daß die Laueschen Bedingungen die Komponenten des Vektors $\mathfrak{s} - \mathfrak{s}_0$ bestimmen. Aus ihnen folgt daher die Vektorgleichung

$$\mathfrak{s} - \mathfrak{s}_0 = (h_1 \mathfrak{b}_1 + h_2 \mathfrak{b}_2 + h_3 \mathfrak{b}_3)\, \lambda. \tag{8}$$

Die Endpunkte der Vektoren $\mathfrak{h} = h_1\mathfrak{b}_1 + h_2\mathfrak{b}_2 + h_3\mathfrak{b}_3$ (h_1, h_2, h_3 ganzzahlig) bilden ein dreidimensionales Gitter, welches als das reziproke Gitter bezeichnet wird. Die Interferenzbedingungen (2) besagen also: Der Vektor $(\mathfrak{s} - \mathfrak{s}_0)/\lambda$ ist gleich dem Vektor $\mathfrak{h} = h_1\mathfrak{b}_1 + h_2\mathfrak{b}_2 + h_3\mathfrak{b}_3$ zu einem Gitterpunkt im reziproken Gitter.

Zu jedem Gittervektor $\mathfrak{h}$ gehört eine Schar von parallelen Ebenen, die durch die Gleichungen

$$(\mathfrak{r}\mathfrak{h}) = p \tag{9}$$

mit ganzzahligem $p = 0, 1, 2 \ldots$ gegeben werden. Diese Ebenen stehen senkrecht zum Vektor $\mathfrak{h}$ und haben vom Ursprung den Abstand $\frac{p}{|\mathfrak{h}|}$. Sie sind also untereinander äquidistant mit dem Abstand $d = 1/|\mathfrak{h}|$. Jeder Punkt des wirklichen Gitters, der dem Koordinatenursprung translatorisch gleichwertig ist, also einen Ortsvektor der Form $\mathfrak{r} = l\mathfrak{a}_1 + m\mathfrak{a}_2 + n\mathfrak{a}_3$ mit ganzzahligem l, m, n besitzt, liegt auf einer Ebene dieser Schar, und zwar auf derjenigen, bei der $p = lh_1 + mh_2 + nh_3$ ist, wie man beim Einsetzen von $\mathfrak{r}$ in (9) bei Beachtung von (4) und (5) leicht feststellt. Die Ebene $(\mathfrak{r}\mathfrak{h}) = 0$ geht durch den Ursprung. Die nächste, $(\mathfrak{r}\mathfrak{h}) = 1$, schneidet auf den Koordinatenachsen parallel zu $\mathfrak{a}_1$, $\mathfrak{a}_2$, $\mathfrak{a}_3$ die Abschnitte $\frac{|\mathfrak{a}_1|}{h_1}, \frac{|\mathfrak{a}_2|}{h_2}, \frac{|\mathfrak{a}_3|}{h_3}$ ab. Die ganzen Zahlen h_1, h_2, h_3 nennt man die Millerschen Indizes der Ebenenschar. Die Oberflächen von ungestört gewachsenen Kristallen gehören meist Ebenenscharen mit kleinen Millerschen Indizes an.

Mit diesen Hilfsmitteln lassen sich die Interferenzbedingungen (2) bzw. (8) anschaulich ausdrücken. Da nach (8) $\mathfrak{s} - \mathfrak{s}_0$ parallel zu $\mathfrak{h}$ ist, also auf der Ebenenschar mit den Indizes h_1, h_2, h_3 senkrecht steht, liegt die Richtung $\mathfrak{s}$ der Streustrahlung so zu derjenigen der einfallenden Welle, als ob eine Reflexion an den Ebenen dieser Schar stattgefunden hätte. Ist ϑ der Winkel zwischen $\mathfrak{s}$ und $\mathfrak{s}_0$, so hat der Vektor $\mathfrak{s} - \mathfrak{s}_0$ den Betrag $|\mathfrak{s} - \mathfrak{s}_0| = 2 \sin \vartheta/2$ (vgl. Abb. 21). Wegen $|\mathfrak{h}| = 1/d$ folgt aus der Gleichheit der Beträge der Vektoren auf beiden Seiten von (8)

$$2d \sin \vartheta/2 = \lambda. \tag{10}$$

Dieser Zusammenhang zwischen Ablenkwinkel ϑ, Wellenlänge λ und Ebenenabstand d wird als die Braggsche Reflexionsbedingung bezeichnet. Der Lichtweg von der Lichtquelle zu einem Punkt des Gitters und von dort zum Beobachtungspunkt ist für alle Punkte derselben Ebene $\perp \mathfrak{h}$ gleich. Für Punkte benachbarter Ebenen beträgt die Lichtwegdifferenz $2d \sin \vartheta/2$. Das ist in Abb. 21 gezeigt für zwei Punkte, die auf der gleichen Normalen auf den Ebenen liegen.

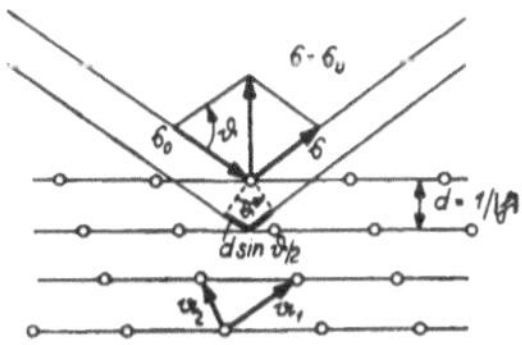

Abb. 21. Zur Ableitung der Braggschen Reflexionsbedingung. Die gezeichnete Netzebenenschar hat die Millerschen Indizes $h_1 = 1$, $h_2 = 1$.

Aus diesen Überlegungen geht hervor, daß beim Auftreffen einer Welle mit fester Einfallsrichtung $\mathfrak{s}_0$ und gegebener Wellenlänge λ auf einen ruhenden Kristall im allgemeinen für keine Richtung $\mathfrak{s}$ die Interferenzbedingung (2) erfüllt ist, denn bei einem Indextripel h_1, h_2, h_3 muß dann der Einheitsvektor $\mathfrak{s}$ drei Gleichungen befriedigen. Wegen $|\mathfrak{s}| = 1$ ist er aber bereits durch zwei seiner Komponenten bestimmt oder, anders ausgedrückt: Bei gegebenem $\mathfrak{s}_0$ und $\mathfrak{h}$ ist die Richtung $\mathfrak{s}$ der Welle, die durch Reflexion der einfallenden Welle an der Ebenenschar senkrecht zu $\mathfrak{h}$ entsteht, bereits vollständig bestimmt. Die zusätzliche Reflexionsbedingung (10) ist dann im allgemeinen nicht erfüllt. Damit Interferenzen auftreten, muß man also noch irgend etwas variieren. Das ist bei einem Strichgitter nicht notwendig.

Bei den ersten Beobachtungen von Laues wurde ein ruhender Einkristall und sog. „weißes" Röntgenlicht benutzt, d. h. eine Strahlung mit kontinuierlichem Spektrum. Zu jedem $\mathfrak{h}$ gibt es dann eine bestimmte Wellenlänge, für die (10) erfüllt ist. Aus den gemessenen Interferenzrichtungen $\mathfrak{s}$ lassen sich die Richtungen der vorkommenden Vektoren $\mathfrak{h}$ und damit die Symmetrie und die Orientierung des Kristalls entnehmen.

Bei der Methode von Debye und Scherrer wird monochromatisches Röntgenlicht und ein ruhender Polykristall verwendet. Für jedes Wertetripel h_1, h_2, h_3 gibt es dann einige wenige Kristallite, die zufällig gerade die richtige Orientierung haben, so daß (8) befriedigt wird. Gemessen werden die vorkommenden Ablenkungswinkel ϑ. Daraus werden nach (10) die Ebenenabstände d ermittelt. Bei sehr einfachen Gittern kann man daraus schon Aussagen über ihre Struktur gewinnen.

Bei den meisten Strukturuntersuchungen wird die Drehkristallmethode verwandt. Dabei ist $\mathfrak{s}_0$ und λ fest. Der Kristall wird um eine im Kristall festliegende Achse senkrecht zur Einfallsrichtung $\mathfrak{s}_0$ gedreht. Auf einem zylindrischen Film rings um die Drehachse findet man dann zu jedem Indextripel h_1, h_2, h_3 einen Reflexpunkt. Ist die Feststellung dieser Indizes gelungen, so kann man leicht die Vektoren $\mathfrak{a}_1$, $\mathfrak{a}_2$ und $\mathfrak{a}_3$ und damit Größe und Gestalt der Elementarzelle bestimmen. Alle weiteren Aussagen über die Raumgruppe und weitergehend über die Lage der Atome in der Elementarzelle folgen dann aus dem Verhältnis der Intensitäten der Streuwellen für verschiedene Indextripel, d. h. aus der Abhängigkeit des Strukturfaktors $\frac{1}{2}\,|s_1|^2$ von den Indizes. Bei einfachen Gittern genügt schon die Feststellung, daß die Intensität der Streuwelle für gewisse Indextripel verschwindet. Bei komplizierten Gittern, wie sie insbesondere bei den Silikaten vorkommen, erforderte die Strukturbestimmung die quantitative Messung von mehr als 100 Streuintensitäten und sehr mühevolle Rechnungen.

§ 19. Die Fraunhoferschen Beugungserscheinungen

Wenn eine Lichtwelle durch die Öffnung einer Blende hindurchtritt, beobachtet man dahinter Helligkeit nicht nur dort, wo nach geometrisch-optischer Rechnung Lichtstrahlen hingelangen, sondern in einem etwas größeren Gebiet, weil die geometrische Optik nach § 12 an den Strahlgrenzen ungültig wird. Diese Erscheinung bezeichnet man als Beugung. Zur genauen Berechnung der Intensitätsverteilung hinter dem Schirm wäre es notwendig, die Differentialgleichung (§ 11;6) für die komplexe Amplitude s einer periodischen Lichtwelle zu integrieren unter Berücksichtigung der Randbedingungen an der Lichtquelle und der Oberfläche des Schirmes. Diese schwierige Aufgabe ist bisher nur in wenigen speziellen Fällen gelöst worden. Im wesentlichen erfaßt man die Beugungserscheinungen aber bereits richtig mit dem einfachen Ansatz von Kirchhoff, bei dem innerhalb der Öffnung der als eben vorausgesetzten Blende die Lichterregung als identisch mit derjenigen einer ungestörten Welle bei Abwesenheit der Blende angenommen wird und außerhalb der Öffnung auf der unbeleuchteten Seite des Schirmes gleich null gesetzt wird. Diese Annahme ist sicher nicht streng richtig, denn etwas Licht wird auch von der Blendenöffnung aus um die Kanten herum auf die Rückseite der Blende gelangen. Außerdem wird die Lichterregung nicht nur auf der Vorderseite der Blende, sondern ein wenig auch innerhalb der Öffnung davon abhängen, wie weit die Welle von dem undurchlässigen Teil des Schirms absorbiert oder reflektiert wird. Trotz dieser Bedenken hat sich der Kirchhoffsche Ansatz bewährt.

Im folgenden wollen wir ein Koordinatensystem benutzen, bei dem die Koordinatenebene $z = 0$ mit der Blendenebene übereinstimmt. Die mathematische Aufgabe besteht dann darin, in dem Halbraum $z > 0$ hinter der Blende eine Lösung der Differentialgleichung

$$\Delta s + k^2 s = 0 \tag{1}$$

zu finden, welche für $z = 0$ innerhalb der Blendenöffnung gleich der gegebenen Erregung $s_0(x, y)$ der einfallenden Lichtwelle ist und außerhalb gleich null.

Die einfachste Lösung von (1) ist die ebene Welle (vgl. § 11;8)

$$s = C e^{-i(\mathfrak{k}\mathfrak{r})}\,. \tag{2}$$

Darin muß der Betrag des Vektors $\mathfrak{k}$ gleich k sein bzw. in Koordinaten

$$\mathfrak{k}^2 = k_x^2 + k_y^2 + k_z^2 = k^2\,. \tag{3}$$

Wir versuchen nun, die Randbedingung bei $z=0$ durch Überlagerung verschiedener Lösungen der Gestalt (2) zu befriedigen. Wählt man k_x und k_y willkürlich, so ist k_z durch (3) bis aufs Vorzeichen bestimmt. Nun ist weiter zu beachten, daß im Raum $z>0$ keine Lichtquellen vorhanden sein sollen. Dann können dort auch keine Lichtwellen auftreten, die in Richtung abnehmender z fortschreiten, also bei Zerlegung in ebene Wellen Anteile mit negativem k_z enthalten. Solange $k_x^2+k_y^2 \leq k^2$ ist, setzen wir deshalb fortan $k_z=\sqrt{k^2-k_x^2-k_y^2}$ als positiv voraus.

Wir werden aber sehen, daß die Randbedingung bei $z=0$ im allgemeinen nicht befriedigt werden kann, wenn k_x und k_y auf den Bereich $k_x^2+k_y^2 \leq k^2$ beschränkt wird. (2) ist jedoch auch außerhalb dieses Bereiches eine Lösung von (1), nur ist dann k_z imaginär. Die Formel (2) stellt dann eigentlich keine ebene Welle mehr dar, sondern eine sogenannte quergedämpfte Welle (vgl. S. 87). s kann für $z \to +\infty$ nicht über alle Grenzen wachsen. Daher muß über das Vorzeichen von k_z in dem Gebiet $k_x^2+k_y^2 > k^2$ so verfügt werden, daß k_z negativ imaginär wird. Dann nimmt s mit wachsendem z exponentiell ab.

Da k_x und k_y in (2) ein Kontinuum von Werten annehmen können, ist die allgemeinste, durch Überlagerung solcher Wellen herzustellende Lösung von (1) ein Integral der Gestalt

$$s=\int\limits_{k_x,k_y=-\infty}^{+\infty}\!\!\int G(k_x,k_y)\, e^{-i(k_x x+k_y y+k_z z)}\, dk_x\, dk_y. \tag{4}$$

Die Randbedingung bei $z=0$ liefert für die Amplitudenfunktion $G(k_x,k_y)$ die Integralgleichung

$$\int\limits_{k_x,k_y=-\infty}^{+\infty}\!\!\int G(k_x,k_y)\, e^{-i(k_x x+k_y y)}\, dk_x\, dk_y=\begin{cases} s_0(x,y) \text{ innerhalb d. Blendenöffnung,} \\ 0 \text{ sonst.}\end{cases} \tag{5}$$

Die Auflösung nach $G(k_x,k_y)$ ist das bekannte Problem der Darstellung einer gegebenen Funktion durch ein Fourierintegral. Die Lösung lautet

$$G(k_x, k_y) = \frac{1}{(2\pi)^2} \iint\limits_{\substack{x,\, y \text{ über die} \\ \text{Blendenöffnung}}} s_0(x, y)\, e^{i(k_x x + k_y y)}\, dx\, dy\,. \tag{6}$$

Wir wollen diese Formel hier nicht beweisen, sondern nur plausibel machen. Jede beschränkte Funktion $F(x)$ mit endlich vielen Unstetigkeitsstellen kann man in dem endlichen Intervall von $x = -L/2$ bis $x = +L/2$ in eine Fourierreihe der Gestalt

$$F(x) = \sum_{n=-\infty}^{+\infty} B_n\, e^{\frac{-2\pi i}{L} n x} \tag{7}$$

entwickeln. Wegen

$$\int\limits_{-L/2}^{+L/2} e^{\frac{2\pi i}{L}(m-n)x}\, dx = \begin{cases} L, \text{ falls } m = n, \\ 0 \text{ sonst,} \end{cases} \tag{8}$$

erhält man bei Multiplikation von (7) mit $e^{+\frac{2\pi i}{L} m x}$ und Integration von $-L/2$ bis $+L/2$

$$B_m = \frac{1}{L} \int\limits_{-L/2}^{+L/2} F(x)\, e^{\frac{2\pi i}{L} m x}\, dx. \tag{9}$$

Wenn L sehr groß ist und $F(x)$ im Unendlichen asymptotisch verschwindet, hat das Integral (9) für benachbarte Werte von m nahezu denselben Wert. Ist $|x| \ll L$, so ist auch $e^{-\frac{2\pi i}{L} n x}$ für benachbarte n annähernd gleich. Wir setzen nun zur Abkürzung $\frac{2\pi}{L} n = k$ und fassen in (7) die $\frac{L}{2\pi} \Delta k$ Summanden, bei denen $\frac{2\pi n}{L}$ zwischen k $k + \Delta k$ liegt zusammen zu $B_n\, e^{-ikx} \frac{L}{2\pi} \Delta k$. Schreibt man

$$B_n \frac{L}{2\pi} = G(k) = \frac{1}{2\pi} \int\limits_{-L/2}^{+L/2} F(x)\, e^{ikx}\, dx, \tag{10}$$

so lautet (7)

$$F(x) = \sum_{\text{Alle } \Delta k} G(k)\, e^{-ikx} \Delta k. \tag{11}$$

Wenn man jetzt $L \to \infty$ und alle Intervalle Δk gegen null gehen läßt, ergibt sich

$$F(x) = \int\limits_{k=-\infty}^{+\infty} G(k)\, e^{-ikx}\, dk, \tag{12}$$

wobei

$$G(k) = \frac{1}{2\pi} \int\limits_{x=-\infty}^{+\infty} F(x)\, e^{ikx}\, dx \tag{13}$$

ist. Eine strenge Rechtfertigung der Grenzübergänge ist schwierig; aber auf anderem Wege läßt sich diese Formel streng beweisen.

Für eine Funktion $F(x,y)$ von 2 Variablen findet man entsprechend

$$F(x,y) = \iint\limits_{k_x, k_y = -\infty}^{+\infty} G(k_x, k_y)\, e^{-i(k_x x + k_y y)}\, dk_x\, dk_y, \tag{14}$$

wobei

$$G(k_x, k_y) = \frac{1}{(2\pi)^2} \iint\limits_{x, y = -\infty}^{+\infty} F(x, y)\, e^{+i(k_x x + k_y y)}\, dx\, dy \tag{15}$$

ist. Setzt man hierin für $F(x,y)$ die auf der rechten Seite von (5) stehende Funktion ein, so ergibt sich (6). Danach wird im allgemeinen $G(k_x, k_y)$ nicht nur im Gebiet $k_x^2 + k_y^2 \leqq k^2$ von null verschieden sein.

Das Resultat (4) dieser Berechnung wollen wir nur für den Sonderfall der Fraunhoferschen Beugungserscheinungen weiter diskutieren. Bei diesen wird angenommen, daß die Blendenöffnung von einer ebenen Welle getroffen wird. Das ist angenähert der Fall, wenn die Lichtquelle sehr weit entfernt ist oder im Brennpunkt einer Linse konzentriert ist. Bezeichnet man die Komponenten des $\mathfrak{k}$-Vektors $\mathfrak{k}_0$ dieser Welle mit k_{x0}, k_{y0}, k_{z0}, so ist also zu setzen

$$s_0(x, y) = A\, e^{-i(k_{x0} x + k_{y0} y)}. \tag{16}$$

Hinter der Blende betrachten wir nur die Intensitätsverteilung in sehr großem Abstand oder in der Brennebene einer Linse. Wenn man den Einfluß der Linsenfehler vernachlässigen kann, erzeugt eine auf die Linse fallende ebene Welle in der Brennebene nur an einer von der Einfallsrichtung abhängigen Stelle eine Lichterregung. Trifft die durch (4) gegebene Überlagerung von ebenen Wellen auf, so ist die Intensität J in der Brennebene proportional $|G(k_x, k_y)|^2$. Der Proportionalitätsfaktor hängt von den Eigenschaften der Linse, ihrer Brennweite, dem Reflexionsvermögen ihrer Oberflächen und anderen Größen ab und soll hier nicht näher untersucht werden. Für die Intensitätsverteilung in großem Abstand von der Blende gilt qualitativ das gleiche. Setzt man (16) in (6) ein und faßt alle Konstanten zu einem Faktor B zusammen, so ergibt sich

$$J(k_x, k_y) = B \,\Big| \iint\limits_{\text{Blendenöffnung}} e^{\,i[(k_x - k_{x0})x + (k_y - k_{y0})y]}\, dx\, dy \Big|^2. \quad (17)$$

Für zwei Spezialfälle wollen wir diese Formel weiter auswerten.

a) Beugung am Rechteck

Wenn die Blendenöffnung ein Rechteck mit der Breite $2a$ und der Höhe $2b$ ist, läßt sich das Integral (17) sofort ausführen und liefert

$$J(k_x, k_y) = B \cdot 16 a^2 b^2 \left(\frac{\sin(k_x - k_{x0})a}{(k_x - k_{x0})a}\right)^2 \left(\frac{\sin(k_y - k_{y0})b}{(k_y - k_{y0})b}\right)^2. \quad (18)$$

Die darin vorkommende Funktion $f(\xi) = \frac{\sin^2 \xi}{\xi^2}$ ist in Abb. 22 dargestellt. Sie hat ein Hauptmaximum bei $\xi = 0$, Nullstellen bei $\xi = m\pi$ $(m = \pm 1, 2 \ldots)$ und dazwischen Nebenmaxima, deren Höhe mit wachsendem Abstand vom Hauptmaximum rasch abnimmt.

Die Intensitätsverteilung in der Brennebene der Beobachtungslinse hat demnach ein Hauptmaximum an der Stelle $k_x = k_{x0}$, $k_y = k_{y0}$, an welcher eine ideale Linse bei Abwesenheit der Blende allein eine Lichterregung erzeugen würde. Die Blende bewirkt eine Verbreiterung der Intensitätsverteilung. Diese wird der Größenordnung nach durch den Abstand der ersten Linien der Intensität null vom Hauptmaximum gegeben, also durch $k_x - k_{x0} = \pi/a$ und $k_y - k_{y0} = \pi/b$. Die

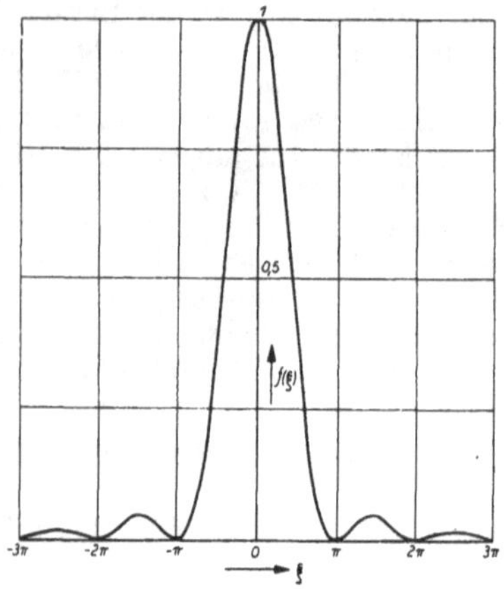

Abb. 22. Die Funktion $f(\xi) = \left(\frac{\sin \xi}{\xi}\right)^2$ in Abhängigkeit von ξ.

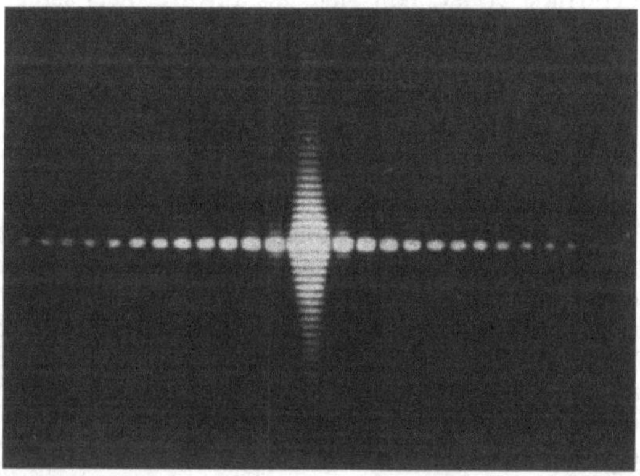

Abb. 23. Die Fraunhofersche Beugungsfigur hinter einem Spalt von 0,25 mm Breite und 1 mm Höhe (entnommen aus M. Born: Optik, Berlin 1933, S. 158).

Beugungsfigur ist also um so breiter, je schmaler das Rechteck ist. Eine Rechtecksblende, welche höher als breit ist, liefert eine Beugungsfigur, die breiter als hoch ist. Abb. 23 zeigt die Wiedergabe einer photographischen Aufnahme der Erscheinung. Um die Nebenmaxima hervortreten zu lassen, ist dabei das Hauptmaximum überbelichtet worden. Daher entspricht die Helligkeitsverteilung des Bildes nicht vollständig der wirklichen Intensitätsverteilung.

b) Beugung an einer kreisförmigen Öffnung

Zur Auswertung von (17) führt man in der Blendenebene Polarkoordinaten r, φ ein, also $x = r\cos\varphi$, $y = r\sin\varphi$. Die Richtung $\varphi = 0$ bzw. die x-Achse legen wir in die Richtung der Projektion des Vektors $\mathfrak{k} - \mathfrak{k}_0$ auf die Blendenebene. Dann ist $k_y - k_{y0} = 0$. Ferner setzen wir $k_x - k_{x0} = k\delta$. Wenn $|\delta| \ll 1$ ist und $\mathfrak{k}_0$ senkrecht auf der Blendenebene steht, ist dann $|\delta|$ der Winkel zwischen $\mathfrak{k}$ und $\mathfrak{k}_0$. Ist a der Radius der Blendenöffnung, so erhält man

$$J(\delta) = B \left| \int_{r=0}^{a} \int_{\varphi=0}^{2\pi} e^{ikr\,\delta\cos\varphi}\, d\varphi\, r\, dr \right|^2 . \tag{19}$$

Die Integration über φ führt auf das Integral

$$I_0(\xi) = \frac{1}{2\pi} \int_{\varphi=0}^{2\pi} e^{i\xi\cos\varphi}\, d\varphi, \tag{20}$$

welches gleich der Besselschen Funktion nullter Ordnung ist. Diese Funktion erfüllt die Differentialgleichung

$$\frac{d}{d\xi}\left(\xi \frac{d I_0}{d\xi}\right) + \xi I_0 = 0, \tag{21}$$

wie man durch Differentiation von (20) unterm Integralzeichen und partielle Integration leicht bestätigen kann. Einsetzen der Potenzreihe für die e-Potenz in (20) und gliedweises Integrieren liefert die Reihenentwicklung

$$I_0(\xi) = 1 - \frac{\xi^2}{4} + \frac{\xi^4}{64} - \cdots . \tag{22}$$

Mit Hilfe dieser Funktion erhält man aus (19)

$$J(\delta) = B\left|\frac{2\pi}{k^2\delta^2}\int\limits_{\xi=0}^{ka\delta} I_0(\xi)\,\xi\,d\xi\right|^2 = B(\pi a^2)^2\left[\frac{2}{\xi}\frac{d I_0}{d\xi}\right]^2_{\xi=ka\delta}. \quad (23)$$

Die darin vorkommende Funktion $g(\xi) = \left[\frac{2}{\xi}\frac{d I_0}{d\xi}\right]^2$ hat einen sehr ähnlichen Verlauf wie die in Abb. 22 dargestellte Funktion $f(\xi) = \sin^2\xi/\xi^2$. Beim Einsetzen von (22) findet man als Anfang der Reihenentwicklung $g(\xi) = 1 - \xi^2/4 + \cdots$. Für $f(\xi)$ lautet die entsprechende Formel $f(\xi) = 1 - \xi^2/3 + \cdots$. Für große ξ hat $g(\xi)$ ebenso wie $f(\xi)$ äquidistante Nullstellen im Abstand π, nur liegen sie nicht bei $\pm m\pi$, sondern angenähert bei $\pm (m + \frac{1}{4})\pi$ (m ganzzahlig). Die erste Nullstelle liegt bei $\xi_1 = 1{,}220\pi$. Die Höhe der dazwischen liegenden Nebenmaxima fällt mit wachsendem ξ bei $g(\xi)$ etwas rascher ab als bei $f(\xi)$. Das erste Nebenmaximum hat die Höhe 0,0175 ..., während es bei $f(\xi)$ den Wert 0,0472 ... hat. In Anbetracht dieser Ähnlichkeit können wir auf eine graphische Darstellung hier verzichten.

Eine kreisförmige Blende mit dem Radius a vor einer idealen Linse bewirkt also, daß eine einfallende ebene Welle in der Brennebene kein punktförmiges Bild erzeugt, sondern einen kreisförmigen Lichtfleck, bei dem das erste Intensitätsminimum einer Winkelabweichung der Größe

$$\delta_1 = \frac{1{,}220\,\pi}{ka} = 0{,}61\,\frac{\lambda}{a} \quad (24)$$

entspricht.

§ 20. Das Auflösungsvermögen von Fernrohr und Mikroskop

Infolge der Beugungserscheinungen ist eine optische Abbildung niemals ideal scharf. Besonders einfach ist das bei einem astronomischen Fernrohr zu verstehen. Wegen der großen Entfernung der Sterne sind die von ihnen herkommenden Lichtwellen praktisch ebene Wellen. Die Linsenfassung des Fernrohres schneidet aus ihnen, genau wie die im vorigen

Paragraphen betrachtete kreisförmige Blende, einen Teil heraus, und nur dieser wird zur Abbildung ausgenutzt. Das Licht hinter der Blende verhält sich wie eine Überlagerung von ebenen Wellen eines endlichen Winkelintervalles, dessen Öffnungswinkel größenordnungsmäßig durch die in (§ 19; 24) angegebene Winkelabweichung δ gegeben ist. Das Bild in der Brennebene des Fernrohres hat daher keine Ähnlichkeit mit dem Stern, sondern ist ein Beugungsbild der Fernrohröffnung. Das gilt auch für die in der Astronomie häufig benutzten Hohlspiegel. Da in deren Eintrittsöffnung kleinere Beobachtungsspiegel oder Plattenhalter vorhanden sein müssen, haben bei ihnen die Sternbilder manchmal wunderschöne Zacken, die von der Beugung an den Konstruktionsstangen herrühren. Die mit dem Auge beobachteten Zacken der Sterne haben im Prinzip die gleiche Ursache.

Zwei Sterne erscheinen auf einer Aufnahme im Fernrohr nur dann getrennt, wenn ihre Beugungsbilder sich nicht zu stark überlappen. Größenordnungsmäßig ist daher der Mindestwert ihrer Winkeldifferenz δ durch

$$\delta \approx 0{,}6 \frac{\lambda}{a} \tag{1}$$

gegeben. Bei dem größten Teleskop der Welt, dem Parabolspiegel von 5 m Durchmesser auf dem Mt. Palomar ergibt sich daraus für gelbes Licht $\delta \approx 0{,}03''$. Unter diesem Winkel erscheinen etwa zwei Objekte in 50 m Abstand auf dem Mond.

Wenn das Fernrohr die Brennweite f hat, so hat das Beugungsbild in der Brennebene ungefähr den Radius

$$\varrho_1 = \delta_1 f = 0{,}6 \frac{\lambda f}{a}\,. \tag{2}$$

Ist $f \gg a$, so ist $u = \frac{a}{f}$ die halbe Winkelöffnung des Lichtkegels, der im Objektiv aus der einfallenden ebenen Welle entsteht. Man kann daher das obige Resultat auch folgendermaßen ausdrücken: Wenn aus einer Kugelwelle, die auf einen Punkt zusammenläuft, durch eine Blende ein Kegel von der halben Winkelöffnung $u\,(\ll 1)$ herausgeschnitten wird, erscheint auf einem Schirm senkrecht zur Kegelachse im Konvergenzpunkt kein Bildpunkt mehr, sondern infolge Beugung ein Lichtfleck, dessen Radius bis zum ersten Intensitätsminimum die Größe $\varrho_1 \approx 0{,}6\ \lambda/u$ besitzt und von einigen sekundären Beugungsringen umgeben ist. Ob die Blende, die den Strahlenkegel begrenzt, kurz vor oder kurz hinter der Linse liegt, also im Bereich der ebenen Welle, wie das im vorigen Paragraphen angenommen wurde, oder im Bereich der Kugelwelle wie hier, ist für die Erscheinung belanglos.

In der obigen Form läßt sich der Satz auf ein Mikroskop anwenden. Wenn ein Mikroskopobjektiv unendlich groß und völlig fehlerfrei wäre, würde es den Lichtkegel, der von einem leuchtenden Objektpunkt ausgeht, in eine konvergente Kugelwelle verwandeln. Infolge der endlichen Größe des Objektivs entsteht in Wirklichkeit nur ein Lichtkegel mit dem halben Öffnungswinkel u' auf der Bildseite. Die Beugungsbilder von zwei leuchtenden Objektpunkten erscheinen daher im Bild nur dann getrennt, wenn die Bilder mindestens einen Abstand y' der Größe $y' \approx 0{,}6\ \lambda/u'$ besitzen. Daraus folgt sofort der Mindestabstand der Objekte. Nach dem Abbeschen Sinussatz ist $y'n' \sin u' = yn \sin u$. Da im Bildraum stets $n' = 1$ ist und die Winkelöffnung u' auf der Bildseite stets $\ll 1$, erhält man

$$y = \frac{y' u'}{n \sin u} = 0{,}6 \frac{\lambda}{n \sin u}. \tag{3}$$

Das Produkt aus dem Sinus des halben Öffnungswinkels u des zur Abbildung beitragenden Lichtkegels auf der Objektseite mal dem Brechungsindex n im Objektraum bezeichnet man als die numerische Apertur A eines Objektivs:

$$A = n \sin u. \tag{4}$$

Der Abstand y von zwei selbstleuchtenden Punkten, deren Bilder im Mikroskop noch getrennt erscheinen sollen, muß also der Bedingung

$$y > 0{,}6 \frac{\lambda}{A} \tag{5}$$

genügen. Da $\sin u \leqq 1$, kann die numerische Apertur bei Objekten in Luft höchstens gleich 1 sein, bei Einbettung in

Immersionsöl höchstens gleich dessen Brechungsindex, also etwa 1,5.

Mit sichtbarem Licht sind daher Objekte mit kleinerem Abstand als etwa $2 \cdot 10^{-5}$ cm im Mikroskopbild nicht mehr zu trennen. Mit Elektronenmikroskopen kann man ein größeres Auslösungsvermögen erreichen, weil die Wellenlängen der Elektronenstrahlen viel kleiner sind.

Im Mikroskop werden jedoch selten selbstleuchtende Objekte untersucht. Es fragt sich daher, ob (5) auch gilt, wenn das Streulicht eines beleuchteten Objektes zur Abbildung ausgenutzt wird. Nach Abbe ist das zu bejahen. Zum Beweis betrachtet man ein Objekt mit periodischer Struktur, das von einer ebenen Lichtwelle beleuchtet wird. Dann liegen genau die Verhältnisse wie bei den Betrachtungen in § 17 vor. In der Brennebene des Bildraumes hinter dem Objektiv beobachtet man in diesem Falle nur an einigen Punkten Helligkeit, nämlich an denjenigen Stellen, wo die 0., 1., 2., 3. . . . Ordnung der interferierenden Streuwellen des Gitters liegt. Diese Punkte kann man als die Ausgangspunkte von kohärenten sekundären Lichtwellen ansehen, die die Bildebene beleuchten und infolge ihrer Interferenz die im Bild beobachtete Helligkeitsverteilung hervorrufen. Abbe zeigte, daß das Bild dem Objekt nur dann in allen Einzelheiten ähnlich ist, wenn alle Ordnungen des Streulichtes erfaßt werden. Wenn dagegen die Gitterkonstante so klein ist, daß schon das Streulicht erster Ordnung nicht mehr auftritt oder vom Objektiv nicht mehr erfaßt wird, tritt in der Brennebene des Bildraumes nur eine sekundäre Lichtquelle auf und daher auch nur eine gleichmäßige Helligkeit in der Bildebene. Macht man die Gitterkonstante größer, so treten zum erstenmal zwei sekundäre Lichtquellen dann auf, wenn das Objekt schief beleuchtet wird unter einem Winkel u gegen die Mikroskopachse, so daß das unabgelenkte Licht gerade noch im Objektiv ausgenutzt wird, und dabei das Licht 1. Ordnung auf der anderen Seite unter dem gleichen Winkel gegen die Achse auch noch gerade ins Objektiv gelangt. In der Bildebene beobachtet man dann nur Young-Fresnelsche Interferenzstreifen dieser beiden sekundären Lichtquellen in der

Brennebene. Die davon herrührende Helligkeitsverteilung hat zwar noch keine Ähnlichkeit mit dem Objekt, aber zeigt doch schon das Vorhandensein einer periodischen Struktur. Bezeichnet man wieder wie in § 17 mit $\mathfrak{a}$ den zur Mikroskopachse senkrechten Gittervektor, mit $\mathfrak{s}_0$ den Einheitsvektor in Richtung der beleuchtenden einfallenden Welle, und $\mathfrak{s}$ denjenigen in Streurichtung, so gilt nach (§ 17; 3) für die erste Ordnung des Streulichtes

$$(\mathfrak{a}, \mathfrak{s} - \mathfrak{s}_0) = \lambda. \tag{6}$$

Wenn $\mathfrak{s}_0$ und $\mathfrak{s}$ beide den Winkel u mit der Mikroskopachse bilden, aber in der Ebene senkrecht zu den Gitterstrichen auf entgegengesetzten Seiten liegen, so ist das skalare Produkt $(\mathfrak{a}, \mathfrak{s} - \mathfrak{s}_0) = 2\,|\mathfrak{a}|\sin u$. Ersetzt man in (6) die Wellenlänge λ in dem Medium vor dem Objektiv durch die Vakuumwellenlänge λ_0 und den Brechungsindex n in diesem Raum, so erhält man aus (6) für den Mindestwert von $|\mathfrak{a}|$, für welchen etwas von der periodischen Struktur im Mikroskop erkennbar wird,

$$|\mathfrak{a}| = \frac{\lambda_0}{n}\,\frac{1}{2\sin u} = 0{,}5\,\frac{\lambda_0}{A}. \tag{7}$$

Das ist bis auf einen belanglosen Unterschied im Zahlenkoeffizienten dasselbe Ergebnis wie in (5).

§ 21. Das Phasenkontrastmikroskop

Nach Abbe ist das Bild im Mikroskop, soweit es von dem kohärenten Streulicht des Objektes herrührt, als ein Interferenzbild der sekundären Lichtpunkte in der Brennebene des Bildraumes aufzufassen. Auf Grund dieser Vorstellung fand Zernike eine Möglichkeit zur Verbesserung des Mikroskops. Durchsichtige Objekte sind im Mikroskop oft schlecht zu erkennen, weil das Licht hinter dem Objekt und daher auch das Bild nahezu überall die gleiche Intensität besitzt. Die Anwesenheit des Objektes macht sich aber dadurch bemerkbar, daß infolge der örtlichen Variationen der Dicke und des Brechungsindex im Objekt die Phase des hindurchgetretenen Lichtes schwach ortsabhängig ist. In diesem Fall erhält man ein kontrastreicheres Bild, wenn man an derjenigen Stelle des Objektivs, wo das unabgelenkte Licht der beleuchtenden Lichtquelle vereinigt wird, ein Blättchen anbringt, welches die Phase des Lichtes um 90° dreht. Das ist folgendermaßen zu verstehen. An einer Stelle der Bildebene sei etwa s_1 die komplexe Amplitude des Lichtes, welches alle Ordnungen des Streulichtes zusammen dort erzeugen, und s_0 die Amplitude des nicht abgelenkten Lichtes bei Abwesenheit des phasendrehenden Blättchens. Da s_0 von einer punktförmigen Lichtquelle in der Brennebene herkommt, ist $J_0 = \frac{1}{2}|s_0|^2$ in der Bildebene nahezu konstant. Bei einem Objekt, das keine Intensitätsschwankungen im Bild hervorruft, ist auch die Gesamtintensität $J = \frac{1}{2}|s_0 + s_1|^2$ an allen Orten gleich. Ist $|s_1|$ klein gegen $|s_0|$, so ist die Differenz zwischen $|s_0|$ und $|s_0 + s_1|$ angenähert gleich der Projektion des Vektors s_1 in der komplexen Zahlenebene auf die Richtung von s_0 (vgl. Abb. 24), und diese ist dann auch konstant.

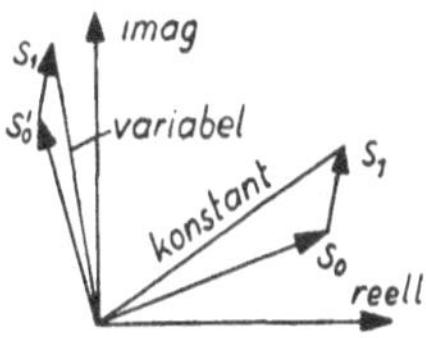

Abb. 24. Zum Phasenkontrastverfahren.

Wenn aber das Streulicht Phasenänderungen bewirkt, kann die Projektion von s_1 auf die Richtung senkrecht zu s_0 nicht überall gleich sein. Verwandelt man also durch ein phasendrehendes Blättchen die Lichterregung s_0 in die Erregung s_0', die in der Phase, bzw. in der komplexen Zahlenebene um 90° gegen s_0 gedreht ist, so ist die dann auftretende Intensität $J' = \frac{1}{2}|s_0' + s_1|^2$ nicht mehr konstant. Man rüstet heute gute Mikroskope mit einem solchen Blättchen und einer verstellbaren Beleuchtungseinrichtung aus, so daß man wahlweise das unabgelenkte Licht durch das phasendrehende Blättchen hindurchlaufen oder daneben vorbeilaufen lassen kann. Je nach der Art des Objektes sind dann schlecht sichtbare Strukturen im einen oder anderen Falle besser zu erkennen. Denselben Effekt wie eine Phasendrehung bewirkt auch eine merkliche Verminderung der Amplitude von s_0.

III. Die elektromagnetische Lichttheorie

§ 22. Ableitung der Wellengleichung aus den Maxwellschen Gleichungen

Aus den von J. Cl. Maxwell aufgestellten Differentialgleichungen für das elektrische und magnetische Feld folgt, daß sich alle Feldänderungen mit Lichtgeschwindigkeit ausbreiten[1]). H. Hertz zeigte experimentell, daß diese theoretische Aussage Maxwells mit der Erfahrung übereinstimmt, und daß hochfrequente elektromagnetische Felder sich qualitativ wie Lichtwellen verhalten. Damit war die elektromagnetische Lichttheorie begründet. Zu ihren Aufgaben gehört es, die optischen Eigenschaften der Materie, also den Brechungsindex, das Absorptionsvermögen usw. aus den elektrischen und magnetischen Eigenschaften abzuleiten. In diesem Buch kann nur ein kleiner Teil dieser Probleme behandelt werden. Wir wollen hier nur die Wellengleichung (§ 11; 6), das Brechungsgesetz (§ 2;2), die Fresnelschen Formeln für das Reflexionsvermögen und die Polarisationsverhältnisse bei der Reflexion sowie die Erscheinung der Doppelbrechung aus den Gesetzen des elektromagnetischen Feldes herleiten. Dabei wollen wir zugleich die bisher immer benutzte Beschränkung auf nichtabsorbierende Medien fallen lassen.

Wenn man für die elektrischen und magnetischen Begriffe je eine eigene Grundgröße einführt, lauten die Maxwellschen Gleichungen folgendermaßen:

$$\gamma \operatorname{rot} \mathfrak{H} = \mathfrak{G} + \frac{\partial \mathfrak{D}}{\partial t}; \quad \operatorname{div} \mathfrak{B} = 0;$$

$$\gamma \operatorname{rot} \mathfrak{E} = -\frac{\partial \mathfrak{B}}{\partial t}; \quad \operatorname{div} \mathfrak{D} = \varrho. \tag{1}$$

Darin bedeuten $\mathfrak{E}$ und $\mathfrak{D}$ die elektrischen und $\mathfrak{H}$ und $\mathfrak{B}$ die magnetischen Feldvektoren. Wenn man ferromagnetische und

[1]) W. Döring: Einf. i. d. theor. Physik. II. Das elektromagnetische Feld. Sammlung Göschen Bd. 77, § 28.

ferroelektrische Medien ausschließt, sind diese durch die folgenden Beziehungen verknüpft:

$$\mathfrak{D} = \varepsilon\varepsilon_0\mathfrak{E};\ \mathfrak{B} = \mu\mu_0\mathfrak{H}. \tag{2}$$

ε und μ sind Materialkonstanten. ϱ ist die Dichte der (wahren) elektrischen Ladungen. $\mathfrak{G}$ bedeutet die Stromdichte. γ, ε_0, μ_0 sind Naturkonstanten, welche mit der Vakuumlichtgeschwindigkeit c_0 zusammenhängen:

$$\frac{\gamma^2}{\varepsilon_0\mu_0} = c_0^{\,2}. \tag{3}$$

Setzt man das Ohmsche Gesetz $\mathfrak{G} = \varkappa\mathfrak{E}$ ($\varkappa$ = spez. elektrische Leitfähigkeit) als gültig voraus, so ergibt sich aus (1)

$$\gamma \operatorname{rot} \mathfrak{H} = \varkappa\mathfrak{E} + \varepsilon\varepsilon_0 \frac{\partial\mathfrak{E}}{\partial t};\ \gamma \operatorname{rot} \mathfrak{E} = -\mu\mu_0 \frac{\partial\mathfrak{H}}{\partial t}. \tag{4}$$

Zur Elimination von $\mathfrak{E}$ bilden wir die Rotation der ersten Gleichung und die zeitliche Ableitung der zweiten. Alsdann benutzen wir die Vektorgleichung[1])

$$\operatorname{rot}\operatorname{rot} \mathfrak{H} = \operatorname{grad}\operatorname{div} \mathfrak{H} - \Delta\mathfrak{H}. \tag{5}$$

Beschränken wir uns auf homogene Medien, so gilt $\operatorname{div} \mathfrak{H} = \frac{1}{\mu\mu_0} \operatorname{div} \mathfrak{B} = 0$. Dann erhält man

$$\Delta\mathfrak{H} = \frac{\mu\mu_0\varkappa}{\gamma^2}\frac{\partial\mathfrak{H}}{\partial t} + \frac{\varepsilon\mu\varepsilon_0\mu_0}{\gamma^2}\frac{\partial^2\mathfrak{H}}{\partial t^2}. \tag{6}$$

Für nichtleitende Medien, $\varkappa = 0$, ist das die Wellengleichung (§ 11;2) für jede Komponente von $\mathfrak{H}$. Für die Komponenten von $\mathfrak{E}$ ergibt sich für Nichtleiter dieselbe Gleichung.

In dem allgemeineren Fall $\varkappa \neq 0$ beschränken wir uns auf periodische Felder und machen dementsprechend für jede Komponente von $\mathfrak{E}$ und $\mathfrak{H}$ den komplexen Ansatz (§ 11;4). Schreibt man

$$\mathfrak{E} = \operatorname{Re}\{\mathring{\mathfrak{E}}\, e^{i\omega t}\},\ \mathfrak{H} = \operatorname{Re}\{\mathring{\mathfrak{H}}\, e^{i\omega t}\}, \tag{7}$$

[1]) S. Valentiner-König, Vektoren und Matrizen. Sammlung Göschen Bd. 354/354 a, § 28, Gleichung (5').

so erhält man beim Einsetzen in (4) die folgenden Gleichungen für die komplexen ortsabhängigen Vektoren $\hat{\mathfrak{E}}$ und $\hat{\mathfrak{H}}$:

$$\operatorname{rot}\hat{\mathfrak{H}} = \frac{\hat{\varepsilon}\varepsilon_0}{\gamma} i\omega\hat{\mathfrak{E}}, \quad \operatorname{rot}\hat{\mathfrak{E}} = -\frac{\mu\mu_0}{\gamma} i\omega\hat{\mathfrak{H}}. \tag{8}$$

Darin ist

$$\hat{\varepsilon} = \varepsilon + \frac{\varkappa}{i\omega\varepsilon_0} \tag{9}$$

eine Materialkonstante, die in Nichtleitern gleich der Dielektrizitätskonstanten ε ist, in Leitern aber komplex. Da die Divergenz jeder Rotation verschwindet[1]), muß nach (8) in periodischen Feldern nicht nur $\operatorname{div}\hat{\mathfrak{H}} = 0$, sondern auch $\operatorname{div}\hat{\mathfrak{E}} = 0$ sein. Bildet man die Rotation von (8) und beachtet (5), so erhält man

$$\Delta\hat{\mathfrak{H}} + k^2\hat{\mathfrak{H}} = 0 \quad \text{und} \quad \Delta\hat{\mathfrak{E}} + k^2\hat{\mathfrak{E}} = 0. \tag{10}$$

Darin hat die frequenzabhängige Konstante k^2 die Bedeutung

$$k^2 = \omega^2 \frac{\mu\mu_0\hat{\varepsilon}\varepsilon_0}{\gamma^2} = \mu\hat{\varepsilon}\frac{\omega^2}{c_0^2}. \tag{11}$$

Jede Komponente von $\hat{\mathfrak{H}}$ und $\hat{\mathfrak{E}}$ genügt also der Wellengleichung (§ 11;6). Die Konstante k wird jedoch in leitenden Medien komplex. Dividiert man k durch die entsprechende Konstante k_0 für Vakuum (d. h. für $\mu = \hat{\varepsilon} = 1$), so erhält man wegen (§ 12;4) für den Brechungsindex eines Nichtleiters (wegen $\hat{\varepsilon} = \varepsilon$) die Formel

$$n = \frac{k}{k_0} = \sqrt{\mu\varepsilon}. \tag{12}$$

Da in nichtferromagnetischen Medien praktisch $\mu = 1$ ist, sollte demnach der Brechungsindex gleich der Wurzel aus der Dielektrizitätskonstanten sein. Diese von Maxwell erstmalig abgeleitete Beziehung wird von dem Brechungsindex für sichtbares Licht und der mit Wechselstrom gemessenen Dielektrizitätskonstanten meist nicht befriedigt. Das liegt an der Frequenzabhängigkeit dieser Größen, welche auf der

[1]) S. Valentiner-König, Vektoren und Matrizen, Sammlung Göschen Bd. 354/354a, § 28, Gl. (4′).

Massenträgheit der Elektronen und Ionen beruht. Für Leiter kann man analog zu (12) einen komplexen Brechungsindex einführen durch

$$\hat{n} = \sqrt{\mu\hat{\varepsilon}} = \sqrt{\mu\left(\varepsilon + \frac{\varkappa}{i\omega\varepsilon_0}\right)}\,. \tag{13}$$

Man beachte, daß jede Lösung von (8) auch (10) befriedigt. Aber Lösungen von (10) brauchen nicht umgekehrt auch (8) zu erfüllen. Wir wollen deshalb im folgenden stets von den Gleichungen (8) ausgehen, welche in den Ableitungen von erster Ordnung sind, und nicht von der Wellengleichung (10).

§ 23. Die ebene Welle

Die Verteilung der Felder einer ebenen Welle erhält man mit dem Ansatz

$$\hat{\mathfrak{E}} = \hat{\mathfrak{A}} e^{-i(\mathfrak{k}\mathfrak{r})}, \quad \hat{\mathfrak{H}} = \hat{\mathfrak{C}} e^{-i(\mathfrak{k}\mathfrak{r})}\,. \tag{1}$$

Darin sind $\hat{\mathfrak{A}}, \hat{\mathfrak{C}}$ und $\mathfrak{k}$ konstante Vektoren, deren Komponenten komplex sein können. Einsetzen von (1) in (§ 22;8) ergibt

$$[\mathfrak{k}\hat{\mathfrak{C}}] = -\frac{\omega\hat{\varepsilon}\varepsilon_0}{\gamma}\hat{\mathfrak{A}}, \quad [\mathfrak{k}\hat{\mathfrak{A}}] = \frac{\omega\mu\mu_0}{\gamma}\hat{\mathfrak{C}}\,. \tag{2}$$

Multipliziert man diese Gleichungen skalar mit $\mathfrak{k}$, so erhält man

$$(\mathfrak{k}\hat{\mathfrak{A}}) = 0 \quad \text{und} \quad (\mathfrak{k}\hat{\mathfrak{C}}) = 0\,. \tag{3}$$

Mit der Vektorbeziehung

$$[\mathfrak{k}[\mathfrak{k}\hat{\mathfrak{C}}]] = \mathfrak{k}(\mathfrak{k}\hat{\mathfrak{C}}) - \hat{\mathfrak{C}}\mathfrak{k}^2, \tag{4}$$

ergibt sich bei vektorieller Multiplikation der ersten Gleich. (2) mit $\mathfrak{k}$ und Einsetzen der zweiten

$$\mathfrak{k}^2 = \frac{\omega^2\hat{\varepsilon}\mu\varepsilon_0\mu_0}{\gamma^2} = k^2. \tag{5}$$

Aus diesen Gleichungen darf man aber nicht ohne weiteres schließen, daß die Vektoren $\hat{\mathfrak{A}}, \hat{\mathfrak{C}}$ und $\mathfrak{k}$ aufeinander senkrecht stehen und daß der Betrag von $\mathfrak{k}$ gleich k sei, denn komplexe

Vektoren lassen sich im allgemeinen nicht durch einen Betrag und eine Richtung kennzeichnen. Die geometrischen Beziehungen, die in diesen algebraischen Gleichungen stecken, wollen wir für die wichtigsten Fälle getrennt diskutieren.

1. Fall. Die linear polarisierte Welle im Nichtleiter

Ist $\varkappa = 0$, also $\hat{\varepsilon}$ reell, so können $\mathfrak{k}$, $\hat{\mathfrak{A}}$ und $\hat{\mathfrak{C}}$ reelle Vektoren sein. Wenn das der Fall ist, folgt aus (2): $\mathfrak{k}$, $\hat{\mathfrak{A}}$ und $\hat{\mathfrak{C}}$ stehen paarweise aufeinander senkrecht. Einsetzen von (1) in (§22;7) ergibt

$$\mathfrak{E} = \hat{\mathfrak{A}} \cos(\omega t - (\mathfrak{k}\mathfrak{r})), \quad \mathfrak{H} = \hat{\mathfrak{C}} \cos(\omega t - (\mathfrak{k}\mathfrak{r})). \tag{6}$$

$\mathfrak{E}$ und $\mathfrak{H}$ haben also in diesem Fall im ganzen Raum die gleiche feste Richtung senkrecht zueinander und zur Fortschreitungsrichtung, also senkrecht zu $\mathfrak{k}$. Die Ebenen, auf denen $\mathfrak{E}$ und $\mathfrak{H}$ konstant sind, schreiten mit der Phasengeschwindigkeit

$$c = \frac{\omega}{|\mathfrak{k}|} = \frac{\gamma}{\sqrt{\varepsilon\mu\varepsilon_0\mu_0}} = \frac{c_0}{n} \tag{7}$$

in Richtung $\mathfrak{k}$ fort. Für das Verhältnis der Beträge von $\hat{\mathfrak{A}}$ und $\hat{\mathfrak{C}}$ folgt aus (2) und (5)

$$\varepsilon\varepsilon_0 |\hat{\mathfrak{A}}|^2 = \mu\mu_0 |\hat{\mathfrak{C}}|^2. \tag{8}$$

Diese Gleichung besagt: An jeder Stelle ist die Energiedichte $w_e = \frac{\varepsilon\varepsilon_0}{2}\mathfrak{E}^2$ des elektrischen Feldes gleich der Energiedichte $w_m = \frac{\mu\mu_0}{2}\mathfrak{H}^2$ des magnetischen Feldes. Der Poyntingsche Vektor der Energiestromdichte[1])

$$\mathfrak{S} = \gamma[\mathfrak{E}\mathfrak{H}] \tag{9}$$

hat die Richtung von $\mathfrak{k}$ und ist, wie man leicht nachrechnet, dem Betrage nach gleich der Phasengeschwindigkeit c mal der gesamten Energiedichte $w_e + w_m$ an der betrachteten Stelle. Eine solche Welle nennt man linear polarisiert. Die Richtung

[1]) **W. Döring, Einf. i. d. theor. Physik II: Das elektromagnetische Feld. Sammlung Göschen Bd. 77, § 29.**

der elektrischen Feldstärke bezeichnet man als ihre Schwingungsrichtung.

2. Fall. Die elliptisch polarisierte Welle im Nichtleiter

Wir betrachten jetzt den Fall $\varkappa = 0$, $\mathfrak{k}$ reell, aber $\hat{\mathfrak{A}}$ und $\hat{\mathfrak{C}}$ komplex. Man zerlegt dann zweckmäßig $\hat{\mathfrak{A}}$ und $\hat{\mathfrak{C}}$ in Real- und Imaginärteil und schreibt mit je zwei reellen Vektoren

$$\hat{\mathfrak{A}} = \mathfrak{A}_r - i\mathfrak{A}_i, \hat{\mathfrak{C}} = \mathfrak{C}_r - i\mathfrak{C}_i. \tag{10}$$

Setzt man das in (2) ein und trennt dann Real- und Imaginärteil, so ergibt sich, daß die Tripel $\mathfrak{k}$, $\mathfrak{A}_r$, $\mathfrak{C}_r$ und $\mathfrak{k}$, $\mathfrak{A}_i$, $\mathfrak{C}_i$ jedes für sich denselben Gleichungen genügen wie die reellen Vektoren $\mathfrak{k}$, $\hat{\mathfrak{A}}$, $\hat{\mathfrak{C}}$ im vorigen Fall, d.h. die Welle ist in diesem Fall eine Überlagerung von zwei linear polarisierten Wellen der gleichen Fortpflanzungsrichtung mit Schwingungsrichtungen parallel $\mathfrak{A}_r$ und $\mathfrak{A}_i$. Aus (10), (1) und (§ 22; 7) ergibt sich

$$\mathfrak{E} = \mathfrak{A}_r \cos(\omega t - (\mathfrak{k}\mathfrak{r})) + \mathfrak{A}_i \sin(\omega t - (\mathfrak{k}\mathfrak{r})), \tag{11a}$$

$$\mathfrak{H} = \mathfrak{C}_r \cos(\omega t - (\mathfrak{k}\mathfrak{r})) + \mathfrak{C}_i \sin(\omega t - (\mathfrak{k}\mathfrak{r})). \tag{11b}$$

Sind $\mathfrak{A}_r$ und $\mathfrak{A}_i$ parallel, so liegt wieder eine linear polarisierte Welle vor. Sind $\mathfrak{A}_r$ und $\mathfrak{A}_i$ nicht parallel, so ändert der elektrische Vektor an einer festen Stelle periodisch seine Richtung innerhalb der Ebene senkrecht zu $\mathfrak{k}$. Zur Zeit $\omega t = (\mathfrak{k}\mathfrak{r})$ hat $\mathfrak{E}$ die Richtung von $\mathfrak{A}_r$, eine viertel Schwingungsdauer später die von $\mathfrak{A}_i$ usw. Bei graphischer Darstellung in der Ebene $\perp \mathfrak{k}$ beschreibt der Endpunkt von $\mathfrak{E}$ eine Ellipse.

Um das zu zeigen, zerlegt man zweckmäßig die komplexen Vektoren $\hat{\mathfrak{A}}e^{i\beta}$ und $\hat{\mathfrak{C}}e^{i\beta}$ ähnlich wie $\hat{\mathfrak{A}}$ und $\hat{\mathfrak{C}}$ in (10) in Real- und Imaginärteil. Über den Winkel β werden wir nachher verfügen. Schreibt man

$$\hat{\mathfrak{A}}e^{i\beta} = \mathfrak{A}_r' - i\mathfrak{A}_i', \quad \hat{\mathfrak{C}}e^{i\beta} = \mathfrak{C}_r' - i\mathfrak{C}_i', \tag{12}$$

so erhält man beim Einsetzen in (1) und (§ 22; 7) statt (11) die neue Darstellung der Welle

$$\mathfrak{E} = \mathfrak{A}_r' \cos(\omega t - (\mathfrak{k}\mathfrak{r}) - \beta) + \mathfrak{A}_i' \sin(\omega t - (\mathfrak{k}\mathfrak{r}) - \beta), \tag{13a}$$

$$\mathfrak{H} = \mathfrak{C}_r' \cos(\omega t - (\mathfrak{k}\mathfrak{r}) - \beta) + \mathfrak{C}_i' \sin(\omega t - (\mathfrak{k}\mathfrak{r}) - \beta). \tag{13b}$$

Setzt man (10) in (12) ein, so erhält man beim Vergleich von Real- und Imaginärteil rechts und links als Zusammenhang zwischen den neuen Vektoren $\mathfrak{A}_r'$ und $\mathfrak{A}_i'$ mit $\mathfrak{A}_r$ und $\mathfrak{A}_i$

$$\mathfrak{A}_r' = \mathfrak{A}_r \cos\beta + \mathfrak{A}_i \sin\beta, \quad \mathfrak{A}_i' = \mathfrak{A}_i \cos\beta - \mathfrak{A}_r \sin\beta. \tag{14}$$

Daraus folgt

$$(\mathfrak{A}_r'\mathfrak{A}_i') = \tfrac{1}{2}(\mathfrak{A}_i^2 - \mathfrak{A}_r^2)\sin 2\beta + (\mathfrak{A}_r\mathfrak{A}_i)\cos 2\beta. \tag{15}$$

Wählt man also β so, daß $\operatorname{tg} 2\beta = \dfrac{2\,(\mathfrak{A}_r\,\mathfrak{A}_i)}{\mathfrak{A}_r^2 - \mathfrak{A}_i^2}$ ist, so wird $(\mathfrak{A}_r'\,\mathfrak{A}_i') = 0$.

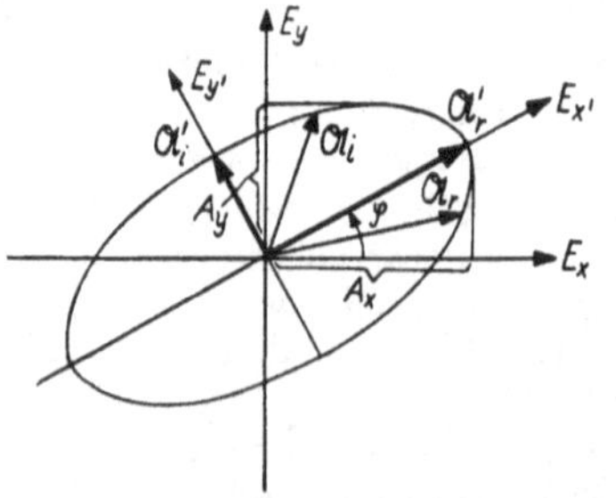

Abb. 25. Die Ellipse des elektrischen Vektors einer elliptisch polarisierten ebenen Welle in der Ebene senkrecht zur Fortpflanzungsrichtung.

Dann sind also $\mathfrak{A}_r'$ und $\mathfrak{A}_i'$ aufeinander senkrecht. Führt man jetzt ein x'-y'-Koordinatensystem so ein, daß die x'-Achse parallel $\mathfrak{A}_r'$ und die y'-Achse parallel $\mathfrak{A}_i'$ ist, so stellt der erste Summand in (13a) die x'-Komponente von $\mathfrak{E}$ und der zweite die y'-Komponente dar. Daraus folgt offenbar

$$\frac{E_x'^2}{|\mathfrak{A}_r'|^2} + \frac{E_y'^2}{|\mathfrak{A}_i'|^2} = 1. \tag{16}$$

Das ist die Gleichung einer Ellipse, deren Hauptachsen nach Größe und Richtung durch die Vektoren $\mathfrak{A}_r'$ und $\mathfrak{A}_i'$ gegeben sind (vgl. Abb. 25). Diese Hauptachsenrichtungen nennt man auch die Hauptschwingungsrichtungen der elliptisch polarisierten Welle. Wenn $\mathfrak{A}_r'$ und $\mathfrak{A}_i'$ dem Betrage nach gleich sind, nennt man die Welle zirkular polarisiert, weil dann die Schwingungsellipse (16) zu einem Kreis entartet.

Manchmal ist es zweckmäßiger, statt der Hauptschwingungsrichtungen zwei andere, aufeinander und zur Fortschreitungsrichtung senkrechte Richtungen zur Beschreibung der Welle zu benutzen. Macht man diese zur x- und y-Achse eines Koordinatensystems, so hat $\mathfrak{k}$ die Richtung der z-Achse. Aus (3) folgt daher, daß die komplexen Vektoren $\hat{\mathfrak{A}}$ und $\hat{\mathfrak{C}}$ keine z-Komponente haben. Schreibt man die komplexen x- und y-Komponenten von $\hat{\mathfrak{A}}$ und $\hat{\mathfrak{C}}$ in der Form

$$\hat{A}_x = A_x\, e^{i\alpha_x},\quad \hat{A}_y = A_y\, e^{i\alpha_y},\quad \hat{C}_x = C_x\, e^{i\gamma_x},\quad \hat{C}_y = C_y\, e^{i\gamma_y}, \tag{17}$$

so erhält beim Ausschreiben von (2) in Koordinaten

$$\alpha_x = \gamma_y;\ \sqrt{\varepsilon\varepsilon_0}\,A_x = \sqrt{\mu\mu_0}\,C_y;\ \alpha_y = \gamma_x;\ \sqrt{\varepsilon\varepsilon_0}\,A_y = -\sqrt{\mu\mu_0}\,C_x. \quad (18)$$

Für die Feldkomponenten ergibt sich daraus in reeller Schreibweise

$$E_x = A_x \cos(\omega t - kz + \alpha_x),\ H_y = \sqrt{\frac{\varepsilon\varepsilon_0}{\mu\mu_0}}\,A_x \cos(\omega t - kz + \alpha_x) \quad (19a)$$

und

$$E_y = A_y \cos(\omega t - kz + \alpha_y),\ H_x = -\sqrt{\frac{\varepsilon\varepsilon_0}{\mu\mu_0}}\,A_y \cos(\omega t - kz + \alpha_y). \quad (19b)$$

Die Felder jeder Zeile für sich bilden eine linear polarisierte Welle. Die erste, (19a), hat eine Schwingungsrichtung parallel zur x-Achse, die zweite, (19b), eine parallel zur y-Achse. Zwischen ihnen besteht eine Phasenverschiebung der Größe $\delta = \alpha_x - \alpha_y$. Diese Phasenverschiebung hängt natürlich von der Lage des Koordinatensystems ab. Dreht man das Koordinatensystem um den Winkel φ (vgl. Abb. 25), so daß die Koordinatenrichtungen in die Hauptschwingungsrichtungen fallen, so wird $\delta = \pi/2$.

3. *Fall. Die quer gedämpfte Welle im Nichtleiter*

In einem nichtleitenden Medium, in welchem k reell ist, braucht trotzdem $\mathfrak{k}$ kein reeller Vektor zu sein. Im Fall eines komplexen $\mathfrak{k}$ kann man mit zwei reellen Vektoren $\mathfrak{k}_r$ und $\mathfrak{k}_i$ schreiben

$$\mathfrak{k} = \mathfrak{k}_r + i\mathfrak{k}_i. \quad (20)$$

Dann folgt aus (5)

$$|\mathfrak{k}_r|^2 - |\mathfrak{k}_i|^2 = k^2 \text{ und } (\mathfrak{k}_r \mathfrak{k}_i) = 0. \quad (21)$$

$\mathfrak{k}_r$ und $\mathfrak{k}_i$ müssen also aufeinander senkrecht stehen. Die weitere Diskussion ist am bequemsten in einem Koordinatensystem, dessen x-Achse die Richtung von $\mathfrak{k}_r$ und dessen z-Achse die Richtung von $-\mathfrak{k}_i$ hat. Beim Ausschreiben in Komponenten zerfallen dann die Gleichungen (2) in zwei Tripel, von denen das erste nur $\hat{A}_y$, $\hat{C}_x$ und $\hat{C}_z$ enthält, das zweite nur $\hat{A}_x$, $\hat{A}_z$ und $\hat{C}_y$. Das erste Tripel lautet

$$|\mathfrak{k}_r|\,\hat{A}_y = \frac{\omega\mu\mu_0}{\gamma}\,\hat{C}_z;\quad |\mathfrak{k}_i|\,\hat{A}_y = -i\,\frac{\omega\mu\mu_0}{\gamma}\,\hat{C}_x; \quad (22\,a)$$

$$|\mathfrak{k}_r|\,\hat{C}_z + i\,|\mathfrak{k}_i|\,\hat{C}_x = \frac{\omega\varepsilon\varepsilon_0}{\gamma}\,\hat{A}_y. \quad (22b)$$

Die letzte Gleichung ist wegen (21) eine Folge der beiden ersten. Schreibt man wie in (17) $\hat{A}_y = A_y e^{i\alpha_y}$, so lautet diese Welle in reeller Schreibweise

$$E_y = A_y \cos(\omega t - |\mathfrak{k}_r| x + \alpha_y) e^{-|\mathfrak{k}_i| z}; \tag{23a}$$

$$H_z = A_y \frac{|\mathfrak{k}_r| \gamma}{\omega \mu \mu_0} \cos(\omega t - |\mathfrak{k}_r| x + \alpha_y) e^{-|\mathfrak{k}_i| z}; \tag{23b}$$

$$H_x = -A_y \frac{|\mathfrak{k}_i| \gamma}{\omega \mu \mu_0} \sin(\omega t - |\mathfrak{k}_r| x + \alpha_y) e^{-|\mathfrak{k}_i| z}. \tag{23c}$$

Diese Welle schreitet in x-Richtung, also in Richtung von $\mathfrak{k}_r$ fort mit der Phasengeschwindigkeit $\omega/|\mathfrak{k}_r|$, die wegen $|\mathfrak{k}_r|^2 = k^2 + |\mathfrak{k}_i|^2$ kleiner ist als die Phasengeschwindigkeit $c = \omega/k$ einer ebenen, ungedämpften Welle der gleichen Frequenz im gleichen Medium. Dementsprechend ist auch die Wellenlänge $\lambda = 2\pi/|\mathfrak{k}_r|$ kleiner. Zugleich aber nimmt die Amplitude der Welle in Richtung entgegengesetzt zu $\mathfrak{k}_i$, also senkrecht zur Fortpflanzungsrichtung exponentiell ab, und zwar um so rascher, je stärker die Phasengeschwindigkeit $\omega/|\mathfrak{k}_r|$ den Wert c unterschreitet. Eine solche Welle nennt man deshalb quergedämpft. Das Verhältnis der Amplitude des Magnetfeldes senkrecht zur Fortpflanzungsrichtung zu derjenigen des elektrischen Feldes ist größer als bei einer ungedämpften Welle. Außerdem tritt eine Komponente des Magnetfeldes in Fortpflanzungsrichtung auf, welche um eine viertel Schwingungsdauer gegen die andere Komponente phasenverschoben ist. Der Poynting-Vektor $\mathfrak{S} = \gamma [\mathfrak{E} \mathfrak{H}]$ hat daher nicht nur eine stets positive Komponente in Fortschreitungsrichtung, sondern außerdem eine Komponente in Richtung senkrecht dazu, welche mit der doppelten Frequenz wie die Welle oszilliert. Solche Wellen treten bei Totalreflexion auf (vgl. § 26).

Das zweite Tripel der Gleichungen (2), welches $\hat{A}_x$, $\hat{A}_z$ und $\hat{C}_y$ enthält, wollen wir nicht näher diskutieren. Es liefert auch eine quergedämpfte Welle, nur sind gegenüber (23) die elektrischen und magnetischen Felder in gewissem Sinne vertauscht. Die entsprechenden Formeln lauten

$$H_y = C_y \cos(\omega t - |\mathfrak{k}_r| x + \gamma_y) e^{-|\mathfrak{k}_i| z}; \tag{24a}$$

$$E_z = -\frac{\gamma\,|\mathfrak{k}_r|}{\omega\,\varepsilon\varepsilon_0} C_y \cos(\omega t - |\mathfrak{k}_r|\, x + \gamma_y) e^{-|\mathfrak{k}_i| z}; \tag{24b}$$

$$E_x = +\frac{\gamma\,|\mathfrak{k}_i|}{\omega\,\varepsilon\varepsilon_0} C_y \sin(\omega t - |\mathfrak{k}_r|\, x + \gamma_y) e^{-|\mathfrak{k}_i| z}. \tag{24c}$$

4. Fall. Die gedämpfte Welle in absorbierenden Medien

Für den Fall eines komplexen $\hat{\varepsilon}$ wollen wir nur die einfachste Lösung diskutieren, bei der Real- und Imaginärteil des wegen (5) notwendig komplexen Vektors $\mathfrak{k}$ parallel sind. Legt man die z-Achse in diese Richtung von $\mathfrak{k}$, so folgt aus (3), daß $\hat{\mathfrak{A}}$ und $\hat{\mathfrak{C}}$ keine z-Komponente haben. Nimmt man außerdem an, daß die y-Komponente von $\hat{\mathfrak{A}}$ verschwindet, so erhält man eine linear polarisierte Welle, denn aus (2) folgt dann, daß auch $\hat{C}_x = 0$ ist. Zerlegt man den komplexen Brechungsindex $\hat{n}$ in (§ 22; 13) in Real- und Imaginärteil

$$\hat{n} = n - in\chi, \tag{25}$$

so erhält man aus (5) für die z-Komponente von $\mathfrak{k}$

$$k_z = \frac{n\omega}{c_0}(1 - i\chi). \tag{26}$$

Für die Feldkomponenten ergibt sich dann mit Benutzung von (17)

$$E_x = \operatorname{Re}\{\hat{A}_x e^{i(\omega t - k_z z)}\}$$

$$= A_x e^{-\frac{n\chi\omega}{c_0} z} \cos\left(\omega t - \frac{n\omega}{c_0} z + \alpha_x\right); \tag{27a}$$

$$H_y = \operatorname{Re}\{\hat{C}_y e^{i(\omega t - k_z z)}\}$$

$$= C_y e^{-\frac{n\chi\omega}{c_0} z} \cos\left(\omega t - \frac{n\omega}{c_0} z + \gamma_y\right). \tag{27b}$$

Aus (2) folgt als Zusammenhang zwischen den Amplituden und Phasenkonstanten

$$C_y = \sqrt{\frac{\varepsilon_0}{\mu_0}} \frac{\sqrt{n^2(1+\chi^2)}}{\mu} A_x; \tag{28a}$$

$$\gamma_y = \alpha_x - \operatorname{arc\,tg}\chi. \tag{28b}$$

Im allgemeinen ist $|\hat{n}| = n\sqrt{1+\chi^2}$ ziemlich groß. Für kleine Frequenzen, bei Metallen sogar bis zu den ultraroten Wellen, gilt $\frac{\varkappa}{\omega\varepsilon_0} \gg 1$. Vernachlässigt man ε dagegen und setzt $\mu = 1$, so folgt angenähert aus (§ 22; 13)

$$\hat{n} = \sqrt{\frac{\varkappa}{2\omega\varepsilon_0}}(1 - i), \tag{29}$$

d. h. $n = \sqrt{\frac{\varkappa}{2\omega\varepsilon_0}} \gg 1$ und $\chi = 1$. Aus (27) folgt daher, daß die Welle auf einer Strecke, die klein gegen die Vakuumwellenlänge $\lambda_0 = \frac{2\pi c_0}{\omega}$ ist, auf den e-ten Teil absinkt. Die Amplitude des magnetischen Feldes ist im Verhältnis zu der des elektrischen Feldes im absorbierenden Medium viel größer als im Vakuum. Das liegt daran, daß dort Ströme fließen, die zusätzliche Magnetfelder erzeugen. Ferner ist eine Phasenverschiebung zwischen dem elektrischen und magnetischen Feld am gleichen Ort vorhanden. Für $\chi = 1$ ist das Magnetfeld gerade um eine achtel Periode verzögert. Für die Frequenzen des sichtbaren Lichtes gilt wegen der Trägheit der Elektronen (29) nicht mehr, d. h. χ ist nicht gleich 1. Qualitativ sind die Verhältnisse aber die gleichen.

§ 24. Das Reflexionsvermögen bei senkrechtem Einfall

Wenn eine Lichtwelle auf die Oberfläche eines Körpers trifft und in ihn eindringt, veranlaßt sie die Elektronen zum Mitschwingen und Aussenden von kohärenten sekundären Lichtwellen. Diese verursachen das Auftreten einer reflektierten Welle und überlagern sich außerdem der einfallenden Welle, so daß sich im eingeschwungenen Zustand im Innern des Körpers eine Welle mit anderer Wellenlänge, Phasengeschwindigkeit und Fortschreitungsrichtung ausbildet als im Vakuum. Die Bewegung der Elektronen hängt aber nicht nur von der einfallenden Welle ab, sondern auch von den sekundären Streuwellen. Diese Rückwirkung hatten wir in § 17 bei der Behandlung der Gitterinterferenzen vernachlässigt, weil die Richtungen maximaler Intensität der Streuwelle davon nicht wesentlich abhängen. Bei exakter Rechnung muß man die Felder innerhalb und außerhalb der betrachteten Körper als unbekannt ansetzen und zu ihrer Berechnung die Differentialgleichungen für die Felder sowie den Zusammenhang zwischen der Mitbewegung der Elektronen und der gesamten Feldstärke heranziehen. Mit anderen Worten, man muß die Maxwellschen Gleichungen, in denen dieser Zusammenhang in den Materialkonstanten ε, μ, $\varkappa$ implizit enthalten ist, unter Berücksichtigung der Randbedingungen lösen. Diese Randwertaufgabe ist nur in einfachen Fällen lösbar.

Wir wollen zunächst die ebene Grenzfläche von zwei Medien 1 und 2 betrachten, auf welche im Medium 1 eine linear polarisierte Welle senkrecht auftrifft. Als Randbedingung wird gefordert, daß außer der einfallenden Welle nur Felder auftreten, die von der Grenzfläche fortlaufen, und daß an der Mediengrenze die Tangentialkomponenten von $\mathfrak{E}$ und $\mathfrak{H}$ stetig sind. Einem Sprung der Tangentialkomponenten entspricht nämlich ein unendlich großer Wert der Rotation in der Oberfläche, was wegen (§ 22; 1) physikalisch nicht möglich ist. Es liegt nahe, anzunehmen, daß im Medium 2 auch eine linear polarisierte Welle mit der gleichen Schwingungsrichtung auftritt und im Medium 1 eine ebenso schwingende reflektierte Welle. Deren Amplituden ergeben sich aus der Stetigkeitsforderung der Tangentialkomponenten von $\mathfrak{E}$ und $\mathfrak{H}$. Bei senkrechtem Auftreffen haben $\mathfrak{E}$ und $\mathfrak{H}$ nur Tangentialkomponenten, und deren Amplituden haben nach (§ 23; 8) in den beiden Medien ein verschiedenes Verhältnis. Deshalb muß eine reflektierte Welle auftreten, denn ohne sie könnten nur $\mathfrak{E}$ oder $\mathfrak{H}$ stetig sein, nicht beide gleichzeitig.

Wir benutzen im folgenden ein Koordinatensystem mit einer z-Achse senkrecht auf der Mediengrenze und einer x-Achse parallel zur Schwingungsrichtung der Wellen. Die magnetische Feldstärke hat dann nur eine y-Komponente. Wir kennzeichnen die drei Wellen durch die Indizes e (einfallend), d (durchgehend) und r (reflektiert). Die $\mathfrak{k}$-Vektoren aller drei Wellen haben dann nur eine z-Komponente, welche bei der einfallenden und reflektierten Welle nach (§ 23; 5) und (§ 22; 13) gleich $\pm \frac{\omega}{c_0} \hat{n}_1$ ist und bei der durchgehenden Welle gleich $\frac{\omega}{c_0} \hat{n}_2$. Berücksichtigt man sogleich den durch (§ 23; 8) gegebenen Zusammenhang zwischen den komplexen Amplituden, so lauten die Felder der einfallenden Welle:

$$E_{xe} = \operatorname{Re}\left\{\hat{A}_e e^{i\left(\omega t - \frac{\omega}{c_0}\hat{n}_1 z\right)}\right\},$$

$$H_{ye} = \operatorname{Re}\left\{\sqrt{\frac{\hat{\varepsilon}_1 \varepsilon_0}{\mu_1 \mu_0}}\hat{A}_e e^{i\left(\omega t - \frac{\omega}{c_0}\hat{n}_1 z\right)}\right\}, \tag{1}$$

die der reflektierten Welle

$$E_{xr} = \operatorname{Re}\left\{\hat{A}_r e^{i\left(\omega t + \frac{\omega}{c_0}\hat{n}_1 z\right)}\right\},$$

$$H_{yr} = \operatorname{Re}\left\{-\sqrt{\frac{\hat{\varepsilon}_1 \varepsilon_0}{\mu_1 \mu_0}}\hat{A}_r e^{i\left(\omega t + \frac{\omega}{c_0}\hat{n}_1 z\right)}\right\} \tag{2}$$

und die der durchgehenden Welle

$$E_{xd} = \operatorname{Re}\left\{\hat{A}_d e^{i\left(\omega t - \frac{\omega}{c_0}\hat{n}_2 z\right)}\right\},$$

$$H_{yd} = \operatorname{Re}\left\{\sqrt{\frac{\hat{\varepsilon}_2 \varepsilon_0}{\mu_2 \mu_0}}\hat{A}_d e^{i\left(\omega t - \frac{\omega}{c_0}\hat{n}_2 z\right)}\right\}. \tag{3}$$

Die Stetigkeit der Tangentialkomponenten an der Mediengrenze $z = 0$ liefert die Beziehungen

$$\hat{A}_e + \hat{A}_r = \hat{A}_d \tag{4}$$

und

$$\sqrt{\frac{\hat{\varepsilon}_1 \varepsilon_0}{\mu_1 \mu_0}}(\hat{A}_e - \hat{A}_r) = \sqrt{\frac{\hat{\varepsilon}_2 \varepsilon_0}{\mu_2 \mu_0}}\hat{A}_d. \tag{5}$$

Setzt man überall $\mu_1 = \mu_2 = 1$, so kann (5) auch geschrieben werden

$$\hat{n}_1(\hat{A}_e - \hat{A}_r) = \hat{n}_2 \hat{A}_d. \tag{6}$$

Elimination von $\hat{A}_d$ aus (4) und (6) liefert

$$\hat{A}_r = \hat{A}_e \frac{\hat{n}_1 - \hat{n}_2}{\hat{n}_1 + \hat{n}_2}. \tag{7}$$

Wir diskutieren dieses Ergebnis zunächst für den Fall, daß die beiden Medien nicht absorbieren, daß also $\hat{n}_1$ und $\hat{n}_2$ reell sind gleich den Brechungsindizes. Dann ist bei reellem $\hat{A}_e$ auch $\hat{A}_r$ reell. Findet die Reflexion an einer Oberfläche gegen ein optisch dünneres Medium statt, $n_2 < n_1$, so hat $\hat{A}_r$ das gleiche Vorzeichen wie $\hat{A}_e$. Bei Reflexion an einer Oberfläche gegen ein optisch dichteres Medium, $n_2 > n_1$, hat $\hat{A}_r$ das entgegengesetzte Vorzeichen wie $\hat{A}_e$. Dieses Ergebnis kann man leicht direkt einsehen. Ist $n_2 > n_1$, so ist das Verhältnis der Amplituden des magnetischen und des elektrischen Feldes bei der durchgehenden Welle größer als bei der einfallenden. Die Felder der reflektierten Welle müssen sich also zur Erfüllung der Randbedingungen an der Grenzfläche so den Feldern der einfallenden Welle überlagern, daß die Amplitude des elektrischen Feldes abnimmt, die des magnetischen zunimmt. Ist dagegen $n_2 < n_1$, so ist es gerade umgekehrt. Wenn man also zwei gleich intensive kohärente Wellen dadurch erzeugt, daß man eine einfallende Welle einmal an einem optisch dünneren Medium und einmal am optisch dichteren Medium reflektieren läßt, so löschen sie sich gerade aus, wenn die Differenz der geometrisch-optischen Lichtwege verschwindet.

Das Reflexionsvermögen R der Oberfläche ist gleich dem Verhältnis der Intensität der reflektierten Welle zu der der einfallenden. Da die Intensität dem Quadrat des absoluten Betrages der Amplitudenkonstanten $\hat{A}$ proportional ist und der Proportionalitätsfaktor bei der im gleichen Medium laufenden einfallenden und reflektierten Welle gleich ist, erhält man

$$R = \frac{|\hat{A}_r|^2}{|\hat{A}_e|^2} = \left|\frac{n_1 - n_2}{n_1 + n_2}\right|^2. \tag{8}$$

Betrachtet man nun die Grenzfläche zwischen absorbierenden Medien, so gilt eine zu (8) entsprechende Formel, nur sind die Brechungsindizes n_1 und n_2 durch die komplexen Brechungsindizes $\hat{n}_1$ und $\hat{n}_2$ zu ersetzen. Wir wollen speziell die Reflexion an einer Metalloberfläche gegen Luft bzw. Vakuum betrachten. Wir setzen also $\hat{n}_1 = 1$ und nach (§ 23; 25) $\hat{n}_2 = n(1 - i\chi)$. Dann erhält man für das Reflexionsvermögen

$$R = \frac{(n-1)^2 + n^2\chi^2}{(n+1)^2 + n^2\chi^2}. \tag{9}$$

Wir spezialisieren diese Formel weiter auf Wellen im Ultraroten, für welche in Metallen (§ 23; 29) gilt und $\sqrt{\frac{\varkappa}{\omega\varepsilon_0}} \gg 1$ ist. Dann folgt

$$R = \frac{\left(\sqrt{\frac{\varkappa}{2\omega\varepsilon_0}} - 1\right)^2 + \frac{\varkappa}{2\omega\varepsilon_0}}{\left(\sqrt{\frac{\varkappa}{2\omega\varepsilon_0}} + 1\right)^2 + \frac{\varkappa}{2\omega\varepsilon_0}} \approx 1 - 2\sqrt{\frac{2\omega\varepsilon_0}{\varkappa}}. \tag{10}$$

Diese Formel wurde von Hagen und Rubens an einigen Metallen für ultrarotes Licht der Wellenlänge $\lambda_0 = 4 \cdot 10^{-4}$ cm experimentell geprüft und innerhalb der Fehlergrenzen bestätigt. Die Abweichung des Reflexionsvermögens von 1 betrug bei diesen Versuchen nur einige Prozent. Damit wurde zum ersten Male eine optische Eigenschaft aus Daten, die nicht optisch gemessen worden waren, richtig berechnet. Besonders bemerkenswert war an diesen Messungen, daß (10) sich auch an Nickel bestätigte, obwohl dort die Permeabilität μ für kleine Frequenzen erheblich von 1 verschieden ist. Das war der erste Hinweis darauf, daß bei Frequenzen des ultraroten Lichtes die ferromagnetischen Erscheinungen verschwinden. Die mit dem Spindrehimpuls verbundene Trägheit der Elektronen bewirkt, daß die Permeabilität der Ferromagnetika mit wachsender Frequenz bereits im Gebiet der cm-Wellen auf 1 absinkt.

§ 25. Das Reflexionsvermögen bei schiefem Einfall

Wir wollen jetzt den Fall betrachten, daß eine linear polarisierte Welle im Medium 1 schief auf die ebene Grenzfläche gegen das Medium 2 fällt. Das Medium 1 soll nicht absorbieren. Der Winkel zwischen dem reellen $\mathfrak{k}$-Vektor der einfallenden

Welle und der Normalen auf der Grenzfläche sei ϑ_e. Die z-Achse sei wieder senkrecht zur Oberfläche und die x-Achse parallel zu der sog. Einfallsebene. Das ist die Ebene durch die Oberflächennormale und $\mathfrak{k}$ (vgl. Abb. 26). Dann lauten die Komponenten des $\mathfrak{k}$-Vektors der einfallenden Welle

$$k_{xe} = \hat{n}_1 \frac{\omega}{c_0} \sin\vartheta_e, \quad k_{ye} = 0, \quad k_{ze} = \hat{n}_1 \frac{\omega}{c_0} \cos\vartheta_e. \tag{1}$$

Um die Randbedingungen an der Oberfläche $z = 0$ zu erfüllen, fügen wir im Medium 1 eine reflektierte Welle und im Medium 2 eine durchgehende Welle hinzu. Deren $\mathfrak{k}$-Vektoren sind dem Betrage nach durch (§ 23; 5) gegeben. Ihre Richtung ist unbekannt. Aus Symmetriegründen setzen wir jedoch ihre y-Komponenten gleich null. Die z-Komponente des $\mathfrak{k}$-Vektors der reflektierten Welle muß umgekehrtes Vorzeichen haben wie bei der einfallenden Welle, weil erstere von der Grenzfläche fortläuft.

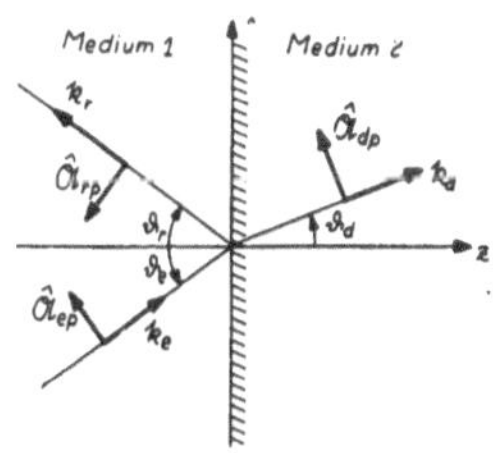

Abb. 26. Die Ausbreitungsvektoren und Amplitudenvektoren der elektrischen Feldstärke bei Brechung und Reflexion einer linear polarisierten Welle im Parallelfall.

Mit zwei unbekannten Winkeln ϑ_r und ϑ_d lauten daher die Komponenten der $\mathfrak{k}$-Vektoren der reflektierten Welle

$$k_{xr} = \hat{n}_1 \frac{\omega}{c_0} \sin\vartheta_r, \quad k_{yr} = 0, \quad k_{zr} = -\hat{n}_1 \frac{\omega}{c_0} \cos\vartheta_r \tag{2}$$

und der durchgehenden Welle

$$k_{xd} = \hat{n}_2 \frac{\omega}{c_0} \sin\vartheta_d, \quad k_{yd} = 0, \quad k_{zd} = \hat{n}_2 \frac{\omega}{c_0} \cos\vartheta_d. \tag{3}$$

Wir werden sehen, daß ϑ_r und ϑ_d aus den Randbedingungen folgen, nur müssen $\sin\vartheta_d$ und $\cos\vartheta_d$ manchmal komplex sein. Solange $\sin^2\vartheta_d + \cos^2\vartheta_d = 1$ ist, wird trotzdem (§ 23; 5) durch (3) erfüllt.

Hinsichtlich der Schwingungsrichtung der Wellen sind zwei Fälle zu unterscheiden, nämlich der Parallelfall (Index p), in welchem die Schwingungsrichtung der einfallenden Welle und daher auch die der reflektierten und durchgehenden Welle parallel zur Einfallsebene durch die Oberflächennormale und die Einfallsrichtung ist, und den Senkrechtfall (Index s), in welchem sie senkrecht dazu stehen. Wir betrachten diese Fälle getrennt. Eine beliebige linear polarisierte einfallende Welle kann man durch Superposition der einfallenden Wellen mit diesen speziellen Schwingungsrichtungen erhalten.

Parallelfall

Wenn die Amplitudenvektoren $\hat{\mathfrak{A}}_{ep}$, $\hat{\mathfrak{A}}_{rp}$ und $\hat{\mathfrak{A}}_{dp}$ der einfallenden, reflektierten und durchgehenden Welle reell sind und die in Abb. 26 dargestellte Lage haben, kann man die Komponenten der komplexen Amplituden der elektrischen Felder sofort hinschreiben. Die magnetische Feldstärke hat im Parallelfall überall die y-Richtung. Beachtet man den Zusammenhang (§ 23; 8) zwischen den Amplituden und setzt überall $\mu = 1$, so erhält man für die einfallende Welle

$$\hat{E}_{xe} = \hat{A}_{ep} \cos \vartheta_e \, e^{-i(\mathfrak{k}_e \mathfrak{r})}, \quad \hat{E}_{ye} = 0, \quad \hat{E}_{ze} = -\hat{A}_{ep} \sin \vartheta_e \, e^{-i(\mathfrak{k}_e \mathfrak{r})}, \tag{4a}$$

$$\hat{H}_{xe} = \hat{H}_{ze} = 0, \quad \hat{H}_{ye} = \hat{n}_1 \sqrt{\frac{\varepsilon_0}{\mu_0}} \hat{A}_{ep} \, e^{-i(\mathfrak{k}_e \mathfrak{r})}, \tag{4b}$$

für die reflektierte Welle

$$\hat{E}_{xr} = -\hat{A}_{rp} \cos \vartheta_r \, e^{-i(\mathfrak{k}_r \mathfrak{r})}, \quad \hat{E}_{yr} = 0, \quad \hat{E}_{zr} = -\hat{A}_{rp} \sin \vartheta_r \, e^{-i(\mathfrak{k}_r \mathfrak{r})}, \tag{5a}$$

$$\hat{H}_{xr} = \hat{H}_{zr} = 0, \quad \hat{H}_{yr} = \hat{n}_1 \sqrt{\frac{\varepsilon_0}{\mu_0}} \hat{A}_{rp} \, e^{-i(\mathfrak{k}_r \mathfrak{r})} \tag{5b}$$

und für die durchgehende Welle

$$\hat{E}_{xd} = \hat{A}_{dp} \cos \vartheta_d \, e^{-i(\mathfrak{k}_d \mathfrak{r})}, \quad \hat{E}_{yd} = 0, \quad \hat{E}_{zd} = -\hat{A}_{dp} \sin \vartheta_d \, e^{-i(\mathfrak{k}_d \mathfrak{r})}, \tag{6a}$$

$$\hat{H}_{xd} = \hat{H}_{zd} = 0, \quad \hat{H}_{yd} = \hat{n}_2 \sqrt{\frac{\varepsilon_0}{\mu_0}} \hat{A}_{dp} \, e^{-i(\mathfrak{k}_d \mathfrak{r})}. \tag{6b}$$

Man kann sich leicht davon überzeugen, daß diese Gleichungen auch für komplexes $\hat{A}_{ep}$, $\hat{A}_{rp}$ und $\hat{A}_{dp}$ die Bedingungen (§ 23; 2) bzw. (§ 22; 8) erfüllen.

Die Randbedingungen verlangen, daß $\hat{E}_x$, $\hat{E}_y$, $\hat{H}_x$ und $\hat{H}_y$ bei $z = 0$ stetig sind. Das ist mit diesen Ansätzen nur dann zu erreichen, wenn für $z = 0$ und beliebiges x und y

$$(\mathfrak{k}_e \mathfrak{r}) = (\mathfrak{k}_r \mathfrak{r}) = (\mathfrak{k}_d \mathfrak{r}) \tag{7}$$

gilt. Aus (1), (2) und (3) folgt daher

$$\hat{n}_1 \sin \vartheta_e = \hat{n}_1 \sin \vartheta_r = \hat{n}_2 \sin \vartheta_d . \tag{8}$$

Die erste dieser Gleichungen liefert das Reflexionsgesetz $\vartheta_r = \vartheta_e$, denn die andere Möglichkeit $\vartheta_r = \pi - \vartheta_e$ würde bei den folgenden Gleichungen (9) und (10) einen Widerspruch ergeben und scheidet deshalb aus. Die zweite Gleichung (8) ist das Brechungsgesetz in verallgemeinerter Form. Für nichtabsorbierende Medien, also reelles $\hat{n}_1$ und $\hat{n}_2$, ist es mit (§ 2; 2) identisch. (8) liefert darüber hinaus den komplexen Wert von ϑ_d für komplexes $\hat{n}_2$ und für reelle Brechungsindizes im Fall $\frac{n_1}{n_2} \sin \vartheta_e > 1$, in welchem nach den Gesetzen der geometrischen Optik keine Lichtwelle im zweiten Medium auftritt. Das trifft, wie wir sehen werden, nicht streng zu.

Die Stetigkeitsforderung für E_x und H_y liefert außer (7) weiterhin die Beziehungen

$$\hat{A}_{ep} \cos \vartheta_e - \hat{A}_{rp} \cos \vartheta_r = \hat{A}_{dp} \cos \vartheta_d, \tag{9}$$

$$\hat{n}_1 (\hat{A}_{ep} + \hat{A}_{rp}) = \hat{n}_2 \hat{A}_{dp} . \tag{10}$$

Setzt man darin $\vartheta_r = \vartheta_e$ und eliminiert $\hat{A}_{dp}$, so erhält man

$$\frac{\hat{A}_{rp}}{\hat{A}_{ep}} = \frac{\hat{n}_2 \cos \vartheta_e - \hat{n}_1 \cos \vartheta_d}{\hat{n}_2 \cos \vartheta_e + \hat{n}_1 \cos \vartheta_d} . \tag{11}$$

Darin ist nach (8)

$$\cos \vartheta_d = \sqrt{1 - \sin^2 \vartheta_d} = \sqrt{1 - \frac{\hat{n}_1^2}{\hat{n}_2^2} \sin^2 \vartheta_e} \tag{12}$$

zu setzen. Das Quadrat des absoluten Betrages des in (11) stehenden Bruches ist das Reflexionsvermögen R_p im Parallelfall in Abhängigkeit von ϑ_e.

Senkrechtfall

Wenn die Amplitudenvektoren $\hat{\mathfrak{A}}_{es}$, $\hat{\mathfrak{A}}_{rs}$ und $\hat{\mathfrak{A}}_{ds}$ des elektrischen Feldes im Senkrechtfall die Richtung der positiven y-Achse haben, sind die Amplitudenvektoren des Magnetfeldes entgegengesetzt zu $\hat{\mathfrak{A}}_{ep}$, $\hat{\mathfrak{A}}_{rp}$ und $\hat{\mathfrak{A}}_{dp}$ in Abb. 26 gerichtet. Man erhält daher in diesem Fall für die komplexen Feldkomponenten der einfallenden Welle

$$\hat{E}_{xe} = \hat{E}_{ze} = 0, \quad \hat{E}_{ye} = \hat{A}_{es}\, e^{-i(\mathfrak{k}_e \mathfrak{r})}, \tag{13a}$$

$$\hat{H}_{xe} = -\hat{n}_1 \sqrt{\frac{\varepsilon_0}{\mu_0}} \hat{A}_{es} \cos\vartheta_e e^{-i(\mathfrak{k}_e \mathfrak{r})}, \; \hat{H}_{ye} = 0,$$

$$\hat{H}_{ze} = n_1 \sqrt{\frac{\varepsilon_0}{\mu_0}} \hat{A}_{es} \sin\vartheta_e\, e^{-i(\mathfrak{k}_e \mathfrak{r})}, \tag{13b}$$

der reflektierten Welle

$$\hat{E}_{xr} = \hat{E}_{zr} = 0, \quad \hat{E}_{yr} = \hat{A}_{rs}\, e^{-i(\mathfrak{k}_r \mathfrak{r})}, \tag{14a}$$

$$\hat{H}_{xr} = \hat{n}_1 \sqrt{\frac{\varepsilon_0}{\mu_0}} \hat{A}_{rs} \cos\vartheta_r\, e^{-i(\mathfrak{k}_r \mathfrak{r})}, \quad \hat{H}_{yr} = 0,$$

$$\hat{H}_{zr} = \hat{n}_1 \sqrt{\frac{\varepsilon_0}{\mu_0}} \hat{A}_{rs} \sin\vartheta_r\, e^{-i(\mathfrak{k}_r \mathfrak{r})} \tag{14b}$$

und der durchgehenden Welle

$$\hat{E}_{xd} = \hat{E}_{zd} = 0, \quad \hat{E}_{yd} = \hat{A}_{ds}\, e^{-i(\mathfrak{k}_d \mathfrak{r})}, \tag{15a}$$

$$\hat{H}_{xd} = -\hat{n}_2 \sqrt{\frac{\varepsilon_0}{\mu_0}} \hat{A}_{ds} \cos\vartheta_d\, e^{-i(\mathfrak{k}_d \mathfrak{r})}, \; \hat{H}_{yd} = 0,$$

$$\hat{H}_{zd} = n_2 \sqrt{\frac{\varepsilon_0}{\mu_6}} \hat{A}_{ds} \sin\vartheta_d\, e^{-i(\mathfrak{k}_d \mathfrak{r})}. \tag{15b}$$

Die Randbedingungen bei $z = 0$ liefern wieder (7) und (8) und weiterhin statt (9) und (10)

$$\hat{A}_{es} + \hat{A}_{rs} = \hat{A}_{ds}, \tag{16}$$

$$\hat{n}_1 (\hat{A}_{es} \cos\vartheta_e - \hat{A}_{rs} \cos\vartheta_r) = \hat{n}_2 \hat{A}_{ds} \cos\vartheta_d. \tag{17}$$

Mit $\vartheta_r = \vartheta_e$ folgt daraus

$$\frac{\hat{A}_{rs}}{\hat{A}_{es}} = \frac{\hat{n}_1 \cos\vartheta_e - \hat{n}_2 \cos\vartheta_d}{\hat{n}_1 \cos\vartheta_e + \hat{n}_2 \cos\vartheta_d}, \tag{18}$$

wobei wieder $\cos\vartheta_d$ die Bedeutung (12) hat.

Diese Formeln wollen wir zunächst nur für den Fall nichtabsorbierender Medien und eines reellen Winkels ϑ_d diskutieren, also $\hat{n}_1$ und $\hat{n}_2$ reell und $\frac{n_1}{n_2}\sin\vartheta_e < 1$. Bei senkrechter Inzidenz, also $\vartheta_e = 0$, ist $\cos\vartheta_e = \cos\vartheta_d = 1$. Dann stimmen (11) und (18) mit (§ 24;7) überein. Das entgegengesetzte Vorzeichen im Parallelfall hat keine tiefere Bedeutung. Es hätte vermieden werden können, wenn man im Ansatz (5) für $\hat{A}_{rp}$ das entgegengesetzte Vorzeichen eingetragen hätte. Das Reflexionsvermögen $R_p = |\hat{A}_{rp}/A_{ep}|^2$ und $R_s = |A_{rs}/A_{es}|^2$ wird für $\vartheta_e = 0$ im Parallelfall und Senkrechtfall gleich (§ 24;8).

Zur Diskussion der Abhängigkeit von ϑ_e eliminiert man zweckmäßig die Brechungsindizes, indem man (11) und (18) mit $\frac{\sin\vartheta_d}{n_1} = \frac{\sin\vartheta_e}{n_2}$ erweitert. Nach einigen Zwischenrechnungen ergibt sich dann

$$\frac{\hat{A}_{rp}}{\hat{A}_{ep}} = \frac{\sin\vartheta_e\cos\vartheta_e - \sin\vartheta_d\cos\vartheta_d}{\sin\vartheta_e\cos\vartheta_e + \sin\vartheta_d\cos\vartheta_d} = \frac{\operatorname{tg}(\vartheta_e - \vartheta_d)}{\operatorname{tg}(\vartheta_e + \vartheta_d)} \tag{19}$$

und

$$\frac{\hat{A}_{rs}}{\hat{A}_{es}} = \frac{\sin\vartheta_d\cos\vartheta_e - \sin\vartheta_e\cos\vartheta_d}{\sin\vartheta_d\cos\vartheta_e + \sin\vartheta_e\cos\vartheta_d} = \frac{\sin(\vartheta_d - \vartheta_e)}{\sin(\vartheta_d + \vartheta_e)}. \tag{20}$$

Bei Reflexion an einem optisch dichteren Medium, $n_2 > n_1$, ist $\vartheta_d < \vartheta_e$. Daher ist nach (20) $\hat{A}_{rs}/\hat{A}_{es}$ immer negativ und erreicht für $\vartheta_e = \pi/2$ den Wert -1. Das Reflexionsvermögen R_s im Senkrechtfall verschwindet also niemals und erreicht bei streifendem Einfall den Maximalwert $R_s = 1$. Im Parallelfall ist für $n_2 > n_1$ nach (19) $\hat{A}_{rp}/\hat{A}_{ep}$ bei kleinem ϑ_e positiv; für $\vartheta_e = \pi/2$ wird aber $\hat{A}_{rp}/\hat{A}_{ep}$ auch -1. Der Vorzeichenwechsel findet bei demjenigen Einfallswinkel statt, bei welchem $\vartheta_e + \vartheta_d = \pi/2$ ist, denn dort wird der Nenner in (19) unendlich und geht von positiven Werten bei kleinerem ϑ_e zu negativen bei größerem ϑ_e über. Für diesen Einfallswinkel verschwindet also das Reflexionsvermögen R_p im Parallelfall.

Das ist anschaulich verständlich. Wenn $\vartheta_e + \vartheta_d = \pi/2$ ist, steht nämlich die Fortschreitungsrichtung der reflektierten Welle senkrecht auf derjenigen der gebrochenen Welle. Die reflektierte Welle rührt (vgl. S. 90) von den Sekundärwellen der mitschwingenden elektrischen Ladungen im zweiten Medium her. Ein schwingender Dipol strahlt aber in Schwin-

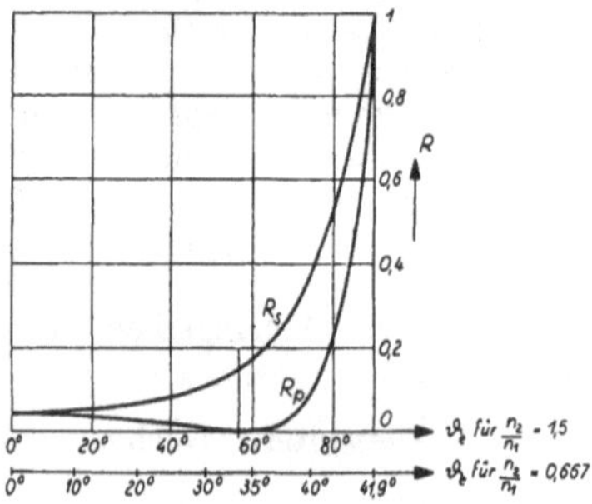

Abb. 27. Das Reflexionsvermögen in Abhängigkeit vom Einfallswinkel für Glas gegen Luft ($n_2/n_1 = 1{,}5$ bzw. für $n_2/n_1 = 0{,}667$). Brewsterscher Winkel 56,3 bzw. 33,7°.

gungsrichtung keine Energie aus[1]). Wenn also der elektrische Vektor des Lichtes in der Einfallsebene liegt, können die Ladungen des Mediums 2 keine reflektierte Welle hervorrufen, deren Fortschreitungsrichtung senkrecht auf der des gebrochenen Strahles steht. Man nennt den Winkel ϑ_e, für welchen $\vartheta_e + \vartheta_d = \pi/2$ ist, den Brewsterschen Winkel. Das Brechungsgesetz liefert für ihn die Gleichung

$$\operatorname{tg} \vartheta_e = n_2/n_1 \,. \tag{21}$$

Läßt man unpolarisiertes Licht unter diesem Winkel auf eine Oberfläche fallen, so ist das reflektierte Licht linear polarisiert

[1]) Vgl. W. Döring: Theoretische Physik. II: Das elektromagnetische Feld. Sammlung Göschen Bd. 77, § 31.

mit einer Schwingungsrichtung senkrecht zur Einfallsebene. Nach dieser Methode gelang es zum ersten Male, linear polarisiertes Licht zu erzeugen.

Der Verlauf des Reflexionsvermögen R_p und R_s in Abhängigkeit von ϑ_e ist für den Fall $n_2/n_1 = 1{,}5$ in Abb. 27 dargestellt. Im Fall $n_2 < n_1$ ist der Verlauf im Gebiet mit reellem ϑ_d der gleiche. Denn wenn man in (11) und (18) ϑ_e mit ϑ_d sowie $\hat{n}_1$ mit $\hat{n}_2$ vertauscht, ändert sich nur das Vorzeichen, nicht das Reflexionsvermögen. Die Kurven in Abb. 27 stellen also zugleich den Verlauf von R_s und R_p für den Fall $n_1/n_2 = 1{,}5$ in Abhängigkeit von ϑ_d dar. Die zweite Abszissenskala gibt die zugehörigen ϑ_e-Werte an.

§ 26. Die Totalreflexion

Wenn eine linear polarisierte Welle in einem nichtabsorbierenden Medium 1 mit dem Brechungsindex n_1 auf die ebene Oberfläche eines optisch dünneren, nicht absorbierenden Mediums schief so auftrifft, daß $\frac{n_1}{n_2} \sin \vartheta_e > 1$ ist, so ist nach (§ 25;12) $\cos \vartheta_d = \sqrt{1 - \frac{n_1^2}{n_2^2} \sin^2 \vartheta_e}$ rein imaginär. Nach (§ 25;3) wird der Ausbreitungsvektor der durchgehenden Welle komplex. Der Realteil hat nur eine x-Komponente, ist also parallel zur Grenzfläche. Der Imaginärteil steht senkrecht darauf. Im zweiten Medium tritt demnach eine quergedämpfte Welle auf (vgl. S. 87), die parallel zur Mediengrenze und zur Einfallsebene fortschreitet. Da die Intensität dieser Welle nicht mit wachsendem Abstand von der Mediengrenze über alle Grenzen anwachsen kann, muß $\cos \vartheta_d$ negativ imaginär gewählt werden.

In (§ 25;11 und 18) sind dann Zähler und Nenner zueinander konjugiert komplex. Das Reflexionsvermögen wird gleich 1. Man spricht in diesem Fall deshalb von Totalreflexion. Das Verhältnis der komplexen Amplituden der reflektierten und einfallenden Welle ist aber nur dem Betrage nach gleich 1. Schreibt man im Parallelfall $\hat{A}_{rp}/\hat{A}_{ep} = e^{i\delta_p}$, so ist der Zähler in (§ 25;11) gleich $Ce^{i\delta_p/2}$, der Nenner gleich

$Ce^{-i\delta_p/2}$. Daher folgt für die Phasenkonstante δ_p

$$\operatorname{tg}\delta_p/2 = \frac{n_1 \,|\cos\vartheta_d|}{n_2 \cos\vartheta_e} = \left(\frac{n_1}{n_2}\right)^2 \frac{\sqrt{\sin^2\vartheta_e - n_2^2/n_1^2}}{\cos\vartheta_e}. \tag{1}$$

Für die entsprechende Konstante δ_s im Senkrechtfall erhält man ebenso

$$\operatorname{tg}\delta_s/2 = \frac{n_2 \,|\cos\vartheta_d|}{n_1 \cos\vartheta_e} = \frac{\sqrt{\sin^2\vartheta_e - n_2^2/n_1^2}}{\cos\vartheta_e}. \tag{2}$$

δ_p ist demnach stets größer als δ_s. Beide Phasenverschiebungen sind am Grenzwinkel der Totalreflexion, also bei $\sin\vartheta_e = n_2/n_1$, gleich null und wachsen mit zunehmendem ϑ_e bis zum Wert π bei streifendem Einfall. Der Absolutwert von δ_p und δ_s ist nicht zu messen. Die Differenz $\delta_p - \delta_s$ kann man an der reflektierten Welle messen, wenn die Schwingungsrichtung der einfallenden linear polarisierten Welle einen Winkel von 45° mit der Einfallsebene bildet. Dann hat der parallel und der senkrecht schwingende Anteil der einfallenden Welle gleiche Amplitude, also $\hat{A}_{ep} = \hat{A}_{es}$. Die reflektierte Welle setzt sich auch aus zwei senkrecht zueinander polarisierten Wellen zusammen, deren Amplitudenvektoren den gleichen Betrag haben, $|\hat{A}_{rp}| = |\hat{A}_{rs}|$, aber nicht die gleiche Phase. Sie ist also elliptisch polarisiert und hat die Phasenverschiebung $\delta = \delta_p - \delta_s$ (vgl. S. 87). Aus (1) und (2) erhält man für diese Größe

$$\operatorname{tg}\delta/2 = \frac{\operatorname{tg}\delta_p/2 - \operatorname{tg}\delta_s/2}{1 + \operatorname{tg}\delta_p/2\,\operatorname{tg}\delta_s/2} = \frac{\cos\vartheta_e\sqrt{\sin^2\vartheta_e - (n_2/n_1)^2}}{\sin^2\vartheta_e}. \tag{3}$$

Dieser Ausdruck hat ein Maximum, wenn

$$\sin^2\vartheta_e = \frac{2}{(n_1/n_2)^2 + 1} \tag{4}$$

ist. Für diesen Maximalwert erhält man

$$(\operatorname{tg}\delta/2)_{\max} = \frac{(n_1/n_2)^2 - 1}{2\, n_1/n_2}. \tag{5}$$

Wenn $n_1/n_2 > 1 + \sqrt{2} = 2{,}414$ ist, wird im Maximum $\operatorname{tg}\delta/2 > 1$, also $\delta > \pi/2$. Dann könnte man durch Totalreflexion unter geeignetem Winkel zirkular polarisiertes Licht aus linear polarisiertem herstellen. Leider hat nur Diamant einen so hohen Brechungsindex.

Die Tatsache, daß die Welle bei der Totalreflexion im optisch dünneren Medium nicht verschwindet, sondern entlang der Grenzfläche fortschreitet, äußert sich darin, daß ein begrenzter Strahl bei Totalreflexion ein wenig in Fortschreitungsrichtung versetzt wird. Zur Berechnung dieser Verschiebung stellen wir die Felder des einfallenden Strahls als Superposition von ebenen Wellen dar (vgl. § 19). Betrachten wir z. B. den Senkrechtfall, so kann man für $\hat{E}_{ye}$ die folgende Integralformel ansetzen:

$$\hat{E}_{ye} = \int_{k_x, k_y}\int G(k_x, k_y) e^{-i(k_x x + k_y y + k_z z)}\, dk_x\, dk_y. \qquad (6)$$

Der Betrag aller darin vorkommenden $\mathfrak{k}$-Vektoren ist gleich $n_1\omega/c_0$. Also gilt

$$k_x^2 + k_y^2 + k_z^2 = \mathfrak{k}^2 = \frac{n_1^2\omega^2}{c_0^2} \text{ oder } k_z = \sqrt{\mathfrak{k}^2 - k_x^2 - k_y^2}\,. \qquad (7)$$

Die Amplitudenfunktion $G(k_x, k_y)$ in (6) hängt von der Intensitätsverteilung im einfallenden Strahl ab und hat bei nicht zu engem Strahl nur für $\mathfrak{k}$-Vektoren in der Nähe des mittleren $\mathfrak{k}$-Vektors $\mathfrak{k}_0$ erhebliche Werte. Für $\mathfrak{k}_0$ gilt nach Abb. 28

$$k_{x0} = |\mathfrak{k}| \sin\vartheta_e,\ k_{y0} = 0,\ k_{z0} = |\mathfrak{k}| \cos\vartheta_e. \qquad (8)$$

Das elektrische Feld der reflektierten Welle erhält man aus (6), indem man unterm Integralzeichen mit dem Amplitudenverhältnis $\hat{A}_{rs}/\hat{A}_{es} = e^{i\delta_s}$ multipliziert und, entsprechend der Reflexion, das Vorzeichen von k_z umkehrt. Das ergibt

$$\hat{E}_{yr} = \int_{k_x, k_y}\int G(k_x, k_y)\, e^{i\delta_s} \cdot e^{-i(k_x x + k_y y - k_z z)}\, dk_x\, dk_y. \qquad (9)$$

Darin ist δ_s eine Funktion des Winkels ϑ zwischen der Richtung von $\mathfrak{k}$ und der Oberflächennormalen. Für diesen Winkel gilt die Beziehung

$$|\mathfrak{k}| \sin\vartheta = \sqrt{k_x^2 + k_y^2}. \qquad (10)$$

Da zum Integral nur das Gebiet $|\mathfrak{k} - \mathfrak{k}_0| \ll |\mathfrak{k}_0|$ beiträgt, kann man die Reihenentwicklung von δ_s nach Potenzen von $k_x - k_{x0}$ und $k_y - k_{y0}$ nach den linearen Gliedern abbrechen und erhält angenähert

$$\delta_s = \delta_{s0} + \frac{d\delta_s}{d\vartheta}\left[\frac{\partial\vartheta}{\partial k_x}(k_x - k_{x0}) + \frac{\partial\vartheta}{\partial k_y}(k_y - k_{y0})\right]. \qquad (11)$$

Differentiation von (10) liefert für $\mathfrak{k} = \mathfrak{k}_0$

$$\frac{\partial \vartheta}{\partial k_x} = \frac{1}{|\mathfrak{k}| \cos \vartheta_e}, \qquad \frac{\partial \vartheta}{\partial k_y} = 0. \tag{12}$$

Setzt man das in (11) ein und das Resultat in (9), so ergibt sich

$$\hat{E}_{yr} = e^{i\eta} \iint\limits_{k_x,\, k_y} G(k_x, k_y)\, e^{-i\left[k_x\left(x - \frac{1}{|\mathfrak{k}| \cos \vartheta_e} \frac{d\delta_s}{d\vartheta}\right) + k_y y - k_z z\right]} dk_x dk_y,$$

$$\eta = \delta_{s0} - \frac{k_{x0}}{|\mathfrak{k}| \cos \vartheta_e} \frac{d\delta_s}{d\vartheta}. \tag{13}$$

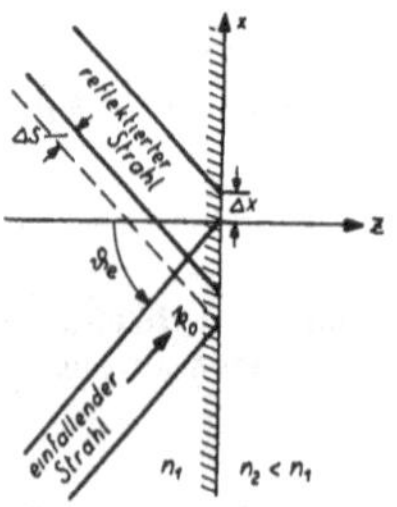

Abb. 28. Zur Berechnung der Strahlversetzung bei der Totalreflexion.

Die e-Potenz vor dem Integral hat den absoluten Betrag 1 und ist für die Intensitätsverteilung belanglos. Das Integral unterscheidet sich von (6) durch das andere Vorzeichen bei z und dadurch, daß x durch $x - \frac{1}{|\mathfrak{k}| \cos \vartheta_e} \frac{d\delta_s}{d\vartheta}$ ersetzt ist. Die Intensitätsverteilung der reflektierten Welle geht also aus der der einfallenden Welle durch Spiegelung an der x-y-Ebene und Verschiebung in x-Richtung um die Strecke $\Delta x = \frac{1}{|\mathfrak{k}| \cos \vartheta_e} \frac{d\delta_s}{d\vartheta}$ hervor. Wegen $|\mathfrak{k}| = 2\pi/\lambda$ entspricht das einer Strahlversetzung in Richtung senkrecht zum Strahl in der Größe (vgl. Abb. 28)

$$\Delta s = \Delta x \cos \vartheta_e = \frac{\lambda}{2\pi} \frac{d\delta_s}{d\vartheta}. \tag{14}$$

Aus (2) erhält man

$$\frac{d\delta_s}{d\vartheta} = \frac{2 \sin \vartheta_e}{\sqrt{\sin^2 \vartheta_e - (n_2/n_1)^2}}. \tag{15}$$

Die Strahlversetzung liegt also nach (14) in der Größenordnung der Wellenlänge im ersten Medium, steigt aber bei Annäherung an den Grenzwinkel der Totalreflexion über alle Grenzen. Dort nimmt sie beobachtbare Werte an. Die Näherungsformel (11) wird aber an der Grenze der Totalreflexion wegen der starken Veränderung von δ_s mit ϑ sehr ungenau. Im Parallelfall gilt qualitativ das gleiche. Diese Strahlversetzung als Folge des Energietransportes im zweiten Medium entlang der Grenzfläche wurde in den letzten Jahren theoretisch und experimentell eingehend untersucht[1]).

§ 27. Die Reflexion an Metallen bei schiefem Einfall

Aus den Polarisationsverhältnissen einer Welle, die an einem Metall schief reflektiert wird, kann man die optischen Konstanten des Metalls ermitteln. Die Theorie dieser Meßmethode ist in den Gleichungen (§ 25;11 und 18) enthalten. Als erstes Medium setzen wir Vakuum bzw. Luft voraus, also $\hat{n}_1 = 1$. Für das zweite Medium setzen wir $\hat{n}_2 = n(1 - i\chi)$ und nehmen an, daß $|\hat{n}_2| \gg 1$ ist. Dann ist $\cos\vartheta_d = \sqrt{1 - \frac{\sin^2\vartheta_e}{\hat{n}_2^2}}$ angenähert gleich 1. Daher folgt

$$\frac{\hat{A}_{rp}}{\hat{A}_{ep}} = \frac{n(1-i\chi)\cos\vartheta_e - 1}{n(1-i\chi)\cos\vartheta_e + 1} \text{ und } \frac{\hat{A}_{rs}}{\hat{A}_{es}} = \frac{\cos\vartheta_e - n(1-i\chi)}{\cos\vartheta_e + n(1-i\chi)}. \quad (1)$$

Zur Messung von n und χ läßt man in der Regel eine linear polarisierte Welle einfallen mit einer Schwingungsrichtung unter 45° gegen die Einfallsebene. Dann ist $\hat{A}_{ep} = \hat{A}_{es}$. Man mißt an der reflektierten Welle das Amplitudenverhältnis $P = |\hat{A}_{rp}/\hat{A}_{rs}|$ der parallel und senkrecht zur Einfallsebene schwingenden Komponenten sowie ihre Phasenverschiebung δ, also die komplexe Größe

$$P e^{i\delta} = \frac{\hat{A}_{rp}}{\hat{A}_{rs}} = \frac{[n(1-i\chi)\cos\vartheta_e - 1]\,[\cos\vartheta_e + n(1-i\chi)]}{[n(1-i\chi)\cos\vartheta_e + 1]\,[\cos\vartheta_e - n(1-i\chi)]}. \quad (2)$$

Multipliziert man diesen Ausdruck aus und vernachlässigt in Zähler und Nenner wegen $|n(1-i\chi)| \gg 1$ die von n unabhängigen Summanden, so erhält man

$$P e^{i\delta} = \frac{\sin^2\vartheta_e/\cos\vartheta_e - n(1-i\chi)}{\sin^2\vartheta_e/\cos\vartheta_e + n(1-i\chi)}. \quad (3)$$

Für $\vartheta_e = 0$ ergibt sich demnach $P e^{i\delta} = -1$, also $P = 1$

[1]) F. Goos. H. Hänchen, Ann. d. Phys. (VI) 1 (1947) S. 333; K. Artmann, Ann. d. Phys. (VI) 2 (1947) S. 87.

und $\delta = \pi$. Für $\vartheta_e = \pi/2$ folgt $Pe^{i\delta} = +1$, also $P = 1$ und $\delta = 0$. In diesen Grenzfällen ist das Resultat von n und χ unabhängig und besagt, daß bei senkrechtem und streifendem Einfall die reflektierte Welle auch linear polarisiert ist mit unveränderter Schwingungsrichtung. Der Umstand, daß sich für $\vartheta_e = 0$ nicht $\delta = 0$, sondern $\delta = \pi$ ergibt, ist folgendermaßen zu verstehen: Bei senkrechtem Einfall ist die Fortpflanzungsrichtung der reflektierten Welle entgegengesetzt zu der der einfallenden. Wenn also die Schwingungsrichtung unter 45° gegen die Einfallsebene für den jeweils in Fortschreitungsrichtung blickenden Beobachter etwa bei der einfallenden Welle von links oben nach rechts unten weist, läuft sie bei der reflektierten Welle bei entsprechender Beobachtung von rechts oben nach links unten; das kommt durch die Phasenverschiebung $\delta = \pi$ zum Ausdruck. Bei streifendem Einfall ist dagegen die Fortschreitungsrichtung vor und nach der Reflexion gleich, weil die Welle einfach unverändert an der Oberfläche entlang läuft.

Wenn also ϑ_e von 0 bis $\pi/2$ wächst, läuft $Pe^{i\delta}$ von -1 bis $+1$. Bei nichtabsorbierendem zweiten Medium, $\chi = 0$, bleibt $Pe^{i\delta}$ dabei reell. Beim Brewsterschen Winkel wird es null. Bei absorbierendem zweiten Medium ist $Pe^{i\delta}$ zwischen den Grenzwerten -1 und $+1$ komplex. Der dem Brewsterschen Winkel entsprechende Einfallswinkel ist derjenige, bei dem der Realteil von $Pe^{i\delta}$ verschwindet. Dieser wird als Haupteinfallswinkel ϑ_0 bezeichnet. Für ihn ist die Phasenverschiebung zwischen der parallel und senkrecht zur Einfallsebene schwingenden Komponente der reflektierten Welle $\delta = \pi/2$. Das bedeutet, daß die Hauptschwingungsrichtungen der elliptisch polarisierten reflektierten Welle parallel und senkrecht zur Einfallsebene liegen.

Der Zusammenhang zwischen ϑ_0 und den Konstanten n und χ folgt aus (3), indem man den Bruch mit dem konjugiert-Komplexen des Nenners erweitert und dann den Realteil des Zählers null setzt. Das ergibt

$$\frac{\sin^2 \vartheta_0}{\cos \vartheta_0} = n\sqrt{1 + \chi^2}. \tag{4}$$

Für das Verhältnis P_0 der Achsen der Schwingungsellipse des reflektierten Lichtes bei diesem Einfallswinkel ergibt sich beim Einsetzen von (4) in (3) nach einigen Umformungen

$$P_0 = \frac{\chi}{1+\sqrt{1+\chi^2}} (< 1). \tag{5}$$

Zur Bestimmung von n und χ mißt man P und δ in Abhängigkeit von ϑ_e. Löst man (3) nach $n(1-i\chi)$ auf, so erhält man

$$n(1-i\chi) = \frac{\sin^2\vartheta_e}{\cos\vartheta_e}\cdot\frac{1-Pe^{i\delta}}{1+Pe^{i\delta}} = \frac{\sin^2\vartheta_e}{\cos\vartheta_e}\cdot\frac{1-P^2-i\cdot 2P\sin\delta}{1+P^2+2P\cos\delta}. \tag{6}$$

Aus den Messungen läßt sich also die komplexe Zahl auf der rechten Seite dieser Gleichung für verschiedene ϑ_e bestimmen und prüfen, ob sie konstant gleich $n(1-i\chi)$ ist. Wenn das der Fall ist, bestätigt sich damit die Richtigkeit dieser Theorie. Abweichungen können auftreten, wenn an der Oberfläche adsorbierte Schichten, Oxydhäute oder andere Störungen vorhanden sind.

§ 28. Die ebene Welle im nichtleitenden Kristall

Wir betrachten im folgenden einen nichtleitenden, unmagnetischen und nicht ferroelektrischen, anisotropen Kristall. In ihm ist die dielektrische Verschiebung $\mathfrak{D}$ zwar noch zur elektrischen Feldstärke $\mathfrak{E}$ proportional, aber nicht mehr parallel zu ihr. Die lineare Beziehung zwischen den Komponenten von $\mathfrak{D}$ und $\mathfrak{E}$ schreiben wir in der Form

$$\begin{aligned} D_x &= \varepsilon_0(\varepsilon_{xx}E_x + \varepsilon_{xy}E_y + \varepsilon_{xz}E_z), \\ D_y &= \varepsilon_0(\varepsilon_{yx}E_x + \varepsilon_{yy}E_y + \varepsilon_{yz}E_z), \\ D_z &= \varepsilon_0(\varepsilon_{zx}E_x + \varepsilon_{zy}E_y + \varepsilon_{zz}E_z). \end{aligned} \tag{1}$$

Man kann beweisen, daß das Schema der Koeffizienten ε_{ik} symmetrisch sein muß, also $\varepsilon_{ik} = \varepsilon_{ki}$, weil sonst die Energiedichte w_e des elektrischen Feldes nicht davon unabhängig wäre, wie das Feld erzeugt wird. Man erhält daher

$$\begin{aligned} w_e = \frac{1}{2}(\mathfrak{D}\mathfrak{E}) = \frac{\varepsilon_0}{2}(&\varepsilon_{xx}E_x^2 + 2\,\varepsilon_{xy}E_xE_y \\ &+ 2\varepsilon_{xz}E_xE_z + \varepsilon_{yy}E_y^2 + 2\varepsilon_{yz}E_yE_z + \varepsilon_{zz}E_z^2). \end{aligned} \tag{2}$$

Die Flächen $w_e =$ konst. in einem Raum, in welchem E_x, E_y, E_z die Ortskoordinaten darstellen, sind demnach Ellipsoide. Aus (2) folgt durch Differentiation

$$D_x = \frac{\partial w_e}{\partial E_x}, \quad D_y = \frac{\partial w_e}{\partial E_y}, \quad D_z = \frac{\partial w_e}{\partial E_z} \tag{3}$$

oder in Vektorschreibweise

$$\mathfrak{D} = \operatorname{grad}_{(\mathfrak{E})} w_e \,. \tag{3a}$$

$\mathfrak{D}$ ist demnach gleich dem Gradienten von w_e im Raum der $\mathfrak{E}$-Vektoren und steht senkrecht auf den Flächen $w_e =$ konst. vgl. Abb. 29).

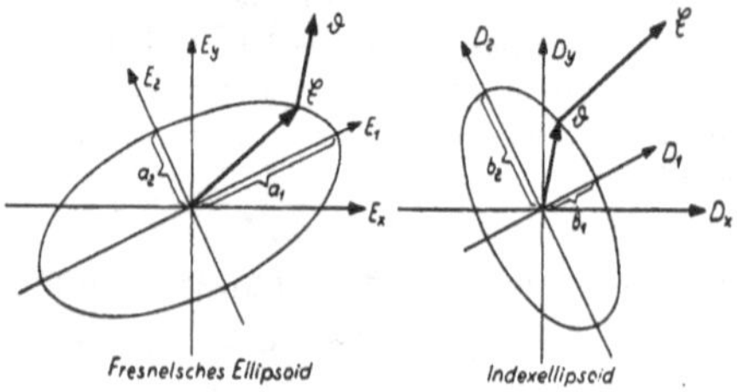

Abb. 29. Die Ellipsoide w_e = konst. im $\mathfrak{E}$-Raum und im $\mathfrak{D}$-Raum und zwei zusammengehörige Vektoren $\mathfrak{E}$ und $\mathfrak{D}$.

Der Zusammenhang zwischen $\mathfrak{D}$ und $\mathfrak{E}$ ist völlig analog zu dem zwischen dem Drehimpuls und Drehvektor eines starren Körpers[1]). Daher können wir ebenso wie in der Mechanik schließen: Macht man die Hauptachsen des Ellipsoids $w_e =$ konst. zu den Koordinatenachsen und bezeichnet die Komponenten von $\mathfrak{E}$ in diesen Richtungen mit E_1, E_2, E_3, so nimmt (2) die Gestalt an

$$w_e = \frac{\varepsilon_0}{2} \left(\varepsilon_1 E_1^2 + \varepsilon_2 E_2^2 + \varepsilon_3 E_3^2\right). \tag{4}$$

Die hier auftretenden Koeffizienten ε_1, ε_2, ε_3 heißen Haupt-

[1]) **W. Döring: Einführung in die theor. Physik I, Mechanik. Sammlung Göschen Bd. 76, § 25.**

dielektrizitätskonstanten. Das durch (2) oder (4) gegebene Ellipsoid nennt man das Fresnelsche Ellipsoid. Es hat die Halbachsen

$$a_1 = \sqrt{\frac{2\,w_e}{\varepsilon_0\,\varepsilon_1}}, \quad a_2 = \sqrt{\frac{2\,w_e}{\varepsilon_1\,\varepsilon_2}}, \quad a_3 = \sqrt{\frac{2\,w_e}{\varepsilon_0\,\varepsilon_3}}. \tag{5}$$

Für die Komponenten von $\mathfrak{D}$ in Richtung der Hauptachsen ergibt sich aus (3) und (4)

$$D_1 = \varepsilon_0\varepsilon_1 E_1, \quad D_2 = \varepsilon_0\varepsilon_2 E_2, \quad D_3 = \varepsilon_0\varepsilon_3 E_3. \tag{6}$$

Eliminiert man mit diesen Beziehungen die Komponenten von $\mathfrak{E}$ aus (4), so ergibt sich

$$w_e = \frac{1}{2\varepsilon_0}\left(\frac{D_1^2}{\varepsilon_1} + \frac{D_2^2}{\varepsilon_2} + \frac{D_3^2}{\varepsilon_3}\right). \tag{7}$$

Die Flächen $w_e =$ konst. in einem Raum, in welchem die Komponenten von $\mathfrak{D}$ die Koordinaten bilden, sind also auch Ellipsoide, deren Hauptachsen mit denen der Fresnelschen Ellipsoide zusammenfallen. Diese zweiten Ellipsoidflächen werden meist Indexellipsoide genannt. Ihre Halbachsen betragen $b_1 = \sqrt{2\,w_e\varepsilon_0\varepsilon_1}$, $b_2 = \sqrt{2\,w_e\varepsilon_0\varepsilon_2}$, $b_3 = \sqrt{2\,w_e\varepsilon_0\varepsilon_3}$. Die Achsenverhältnisse eines Indexellipsoides sind reziprok zu denen eines Fresnelschen Ellipsoides: $b_1 : b_2 : b_3 = 1/a_1 : 1/a_2 : 1/a_3$. Aus (7) folgt durch Differentiation, daß der Gradient von w_e im Raum der $\mathfrak{D}$-Vektoren gleich $\mathfrak{E}$ ist:

$$\mathfrak{E} = \mathrm{grad}_{(\mathfrak{D})}\, w_e. \tag{8}$$

Die elektrische Feldstärke zu einem gegebenen Wert von $\mathfrak{D}$ steht also senkrecht auf dem Indexellipsoid durch den Endpunkt von $\mathfrak{D}$ (vgl. Abb. 29).

Wir setzen nun in den Maxwellschen Gleichungen (§22;1) $\mathfrak{G} = 0$ (Nichtleiter) und $\mathfrak{B} = \mu_0\mathfrak{H}$ (unmagnetischer Kristall) und führen den folgenden komplexen Ansatz für eine ebene Welle ein:

$$\mathfrak{H} = \mathrm{Re}\left\{\hat{\mathfrak{H}} e^{i[\omega t - (\mathfrak{k}\mathfrak{r})]}\right\}, \quad \mathfrak{E} = \mathrm{Re}\left\{\hat{\mathfrak{E}} e^{i[\omega t - (\mathfrak{k}\mathfrak{r})]}\right\},$$
$$\mathfrak{D} = \mathrm{Re}\left\{\hat{\mathfrak{D}} e^{i[\omega t - (\mathfrak{k}\mathfrak{r})]}\right\}. \tag{9}$$

Dann ergibt sich der folgende Zusammenhang zwischen den konstanten komplexen Amplitudenvektoren $\hat{\mathfrak{H}}$, $\hat{\mathfrak{E}}$, $\hat{\mathfrak{D}}$ und $\mathfrak{k}$:

$$\gamma[\mathfrak{k}\hat{\mathfrak{H}}] = -\omega\hat{\mathfrak{D}}, \quad \gamma[\mathfrak{k}\hat{\mathfrak{E}}] = \omega\mu_0\hat{\mathfrak{H}}. \qquad (10)$$

Wir diskutieren diese Beziehungen nur für den einfachsten Fall, daß $\mathfrak{k}$, $\hat{\mathfrak{E}}$, $\hat{\mathfrak{H}}$ und $\hat{\mathfrak{D}}$ reelle Vektoren sind. Dann stellt (9) eine linear polarisierte Welle dar. Nach (10) liegen $\mathfrak{k}$, $\hat{\mathfrak{D}}$ und $\hat{\mathfrak{E}}$ in derselben Ebene senkrecht zu $\hat{\mathfrak{H}}$, und in dieser Ebene liegt auch der Poyntingvektor $\mathfrak{S} = \gamma[\mathfrak{E}\mathfrak{H}]$.

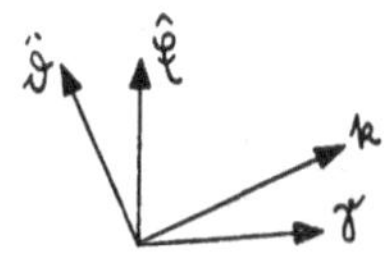

Abb. 30. Die Vektoren in der Ebene senkrecht zu $\hat{\mathfrak{H}}$ für eine linear polarisierte Welle in einem Kristall.

Nach (10) steht $\mathfrak{k}$ senkrecht auf $\hat{\mathfrak{D}}$. $\mathfrak{S}$ ist nach Definition senkrecht auf $\hat{\mathfrak{E}}$ (vgl. Abb. 30). Da in einem Kristall im allgemeinen $\mathfrak{D}$ und $\mathfrak{E}$ nicht die gleiche Richtung haben, fällt auch die Richtung von $\mathfrak{S}$, in der die Energie fortschreitet, nicht in die Richtung des Ausbreitungsvektors $\mathfrak{k}$. Die Richtung von $\mathfrak{k}$ nennt man die Normalenrichtung, weil sie senkrecht auf den Flächen konstanter Phase steht. Die Richtung von $\mathfrak{S}$ heißt die Strahlrichtung, weil die Ränder eines begrenzten Lichtstrahles in geometrisch-optischer Näherung parallel zu $\mathfrak{S}$ verlaufen, nicht senkrecht zu den Flächen konstanter Phase. Man muß dementsprechend auch zwei Geschwindigkeiten unterscheiden. Die Phasengeschwindigkeit $\mathfrak{c}_n$ hat die Richtung von $\mathfrak{k}$ und den Betrag $c_n = \frac{\omega}{|\mathfrak{k}|}$. Mit dieser Geschwindigkeit schreiten die Flächen konstanter Phase senkrecht zu ihrer Ebene fort. Die Strahlgeschwindigkeit $\mathfrak{c}_s$ hat die Richtung von $\mathfrak{S}$ und ist dem Betrage nach gleich $|\mathfrak{S}|$ dividiert durch die Energiedichte des Feldes an derselben Stelle. In isotropen Medien sind beide Geschwindigkeiten gleich (vgl. S. 84).

Die Energiedichten w_e und w_m des elektrischen und magnetischen Feldes einer ebenen Welle sind auch noch in einem Kristall gleich. Unter den genannten Voraussetzungen sind nämlich ihre Amplituden

$$\hat{w}_e = \frac{1}{2}(\hat{\mathfrak{D}}\hat{\mathfrak{E}}) \text{ und } \hat{w}_m = \frac{\mu_0}{2}\hat{\mathfrak{H}}^2. \tag{11}$$

Dafür ergibt sich bei skalarer Multiplikation der ersten Gleichung (10) mit $\hat{\mathfrak{E}}$ und der zweiten mit $\hat{\mathfrak{H}}$:

$$\hat{w}_e = -\frac{\gamma}{2\omega}(\hat{\mathfrak{E}}[\mathfrak{k}\hat{\mathfrak{H}}]) = \frac{\gamma}{2\omega}(\hat{\mathfrak{H}}[\mathfrak{k}\hat{\mathfrak{E}}]) = \hat{w}_m. \tag{12}$$

Setzt man die zweite Gleichung (10) in die erste ein, so erhält man

$$\hat{\mathfrak{D}} = -\frac{\gamma^2}{\omega^2\mu_0}[\mathfrak{k}[\mathfrak{k}\hat{\mathfrak{E}}]] = \frac{\gamma^2}{\omega^2\mu_0}\{\mathfrak{k}^2\cdot\hat{\mathfrak{E}} - (\mathfrak{k}\hat{\mathfrak{E}})\mathfrak{k}\}. \tag{13}$$

Da $\hat{\mathfrak{D}} \perp \mathfrak{k}$ ist, folgt daraus durch skalare Multiplikation mit $\hat{\mathfrak{D}}$

$$\hat{\mathfrak{D}}^2 = \frac{\gamma^2}{\omega^2\mu_0}\mathfrak{k}^2(\hat{\mathfrak{D}}\hat{\mathfrak{E}})$$

oder

$$c_n = \frac{\omega}{|\mathfrak{k}|} = \frac{\gamma}{|\hat{\mathfrak{D}}|}\sqrt{\frac{2\hat{w}_e}{\mu_0}}. \tag{14}$$

Die Amplitude des Poyntingvektors ist wegen $\hat{\mathfrak{E}} \perp \hat{\mathfrak{H}}$ gleich $\gamma|\hat{\mathfrak{E}}|\cdot|\hat{\mathfrak{H}}|$. Für den Betrag der Strahlgeschwindigkeit ergibt sich daher wegen (11) und (12) die zu (14) analoge Formel

$$c_s = \frac{|\mathfrak{S}|}{w_e + w_m} = \frac{\gamma|\hat{\mathfrak{E}}||\hat{\mathfrak{H}}|}{2\hat{w}_e} = \frac{\gamma|\hat{\mathfrak{E}}|}{\sqrt{2\mu_0\hat{w}_e}}. \tag{15}$$

An Hand dieser Ergebnisse wollen wir jetzt geometrisch diskutieren, welche Lage die Amplitudenvektoren $\hat{\mathfrak{E}}$, $\hat{\mathfrak{D}}$ und $\hat{\mathfrak{H}}$ in einer linear polarisierten Welle mit vorgegebener Richtung von $\mathfrak{k}$ annehmen können. Die Intensität der Welle sei durch Angabe von $\hat{w}_e$ ebenfalls vorgegeben. Dann muß $\hat{\mathfrak{D}}$ zu einem Punkt des Indexellipsoides $\hat{w}_e =$ konst. im Raum der $\mathfrak{D}$

Vektoren weisen. Außerdem muß $\hat{\mathfrak{D}}$ senkrecht auf $\mathfrak{k}$ stehen, muß also in der zu $\mathfrak{k}$ senkrechten Ebene durch den Mittelpunkt dieses Ellipsoides liegen. Diese Ebene schneidet das Indexellipsoid in einer Ellipse. Aber nicht jeder Vektor $\hat{\mathfrak{D}}$ zu einem Punkt dieser Schnittellipse liefert eine Lösung von (10), die auch (6) befriedigt. Denn nach Abb. 30 muß der Vektor $\hat{\mathfrak{E}}$, welcher im Endpunkt von $\hat{\mathfrak{D}}$ auf der Fläche des Indexellipsoides senkrecht steht, zugleich in der Ebene durch $\hat{\mathfrak{D}}$ und $\mathfrak{k}$ liegen. Wenn man also $\hat{\mathfrak{E}}$ auf die Ebene $\perp$ $\mathfrak{k}$ projiziert, muß die Projektion die gleiche Richtung wie $\hat{\mathfrak{D}}$ haben und außerdem senkrecht auf der Schnittellipse stehen. Das ist nur möglich, wenn $\hat{\mathfrak{D}}$ in die Richtung einer der Achsen der Schnittellipse fällt. Zu einer gegebenen Richtung von $\mathfrak{k}$ gibt es also nur zwei mögliche Richtungen für den Vektor $\hat{\mathfrak{D}}$ einer linear polarisierten Welle, nämlich die Achsen der Schnittellipse zwischen Indexellipsoid und der Ebene $\perp \mathfrak{k}$ durch ihren Mittelpunkt. Diese beiden möglichen Richtungen von $\hat{\mathfrak{D}}$ stehen senkrecht aufeinander. Die zugehörigen Phasengeschwindigkeiten c_n sind im allgemeinen verschieden, denn nach (14) sind sie umgekehrt proportional dem Betrag von $\hat{\mathfrak{D}}$. Auch die Strahlrichtungen dieser beiden Wellen mit gleicher Richtung von $\mathfrak{k}$ sind verschieden.

In diesen Überlegungen steckt schon qualitativ die Erklärung für das Auftreten einer Doppelbrechung der Kristalle. Betrachtet man als einfachsten Fall eine linear polarisierte Welle im Vakuum, welche senkrecht auf die ebene Oberfläche eines Kristalls fällt, so sind die Randbedingungen nur dann zu erfüllen, wenn der $\mathfrak{k}$-Vektor auch im Kristall senkrecht auf der Oberfläche steht. Zu dieser Richtung von $\mathfrak{k}$ gibt es nur zwei kristallographisch festliegende Richtungen für den Vektor $\hat{\mathfrak{E}}$ einer linear polarisierten Welle. Da im allgemeinen die Schwingungsrichtung der Vakuumwelle nicht in die Richtung der Tangentialkomponente einer dieser $\hat{\mathfrak{E}}$-Vektoren fallen wird, muß im Kristallinnern eine Überlagerung dieser beiden Wellen mit verschiedenen Werten von $\hat{\mathfrak{E}}$ und verschiedener Strahlrichtung auftreten. Da diese Richtungen von $\mathfrak{S}$ im allgemeinen nicht parallel $\mathfrak{k}$ sind, treten also beim senkrechten Auftreffen eines begrenzten Strahles im Innern des Kristalles zwei Strahlen auf, deren seitliche Begrenzungen beide nicht senkrecht auf der Oberfläche stehen.

Wir wollen hier die Abhängigkeit der Phasengeschwindigkeit c_n von der Richtung von $\mathfrak{k}$ nicht diskutieren, sondern nur die entsprechenden Verhältnisse bei der Strahlgeschwindigkeit $\mathfrak{c}_s$. Wir betrachten deshalb eine Welle mit gegebener Richtung von $\mathfrak{c}_s$ bzw. von $\mathfrak{S}$ und einer durch $\hat{w}_e$ gegebenen Intensität. Der Vektor $\hat{\mathfrak{E}}$ dieser Welle muß zu einem Punkt des Fresnelschen Ellipsoides $\hat{w}_e =$ konst. weisen und senkrecht auf $\mathfrak{S}$ stehen. Sein Endpunkt liegt also im $\mathfrak{E}$-Raum auf der Schnittellipse zwischen Fresnelschem Ellipsoid und der Ebene $\perp \mathfrak{S}$ durch ihren Mittelpunkt. Da $\hat{\mathfrak{D}}$ senkrecht auf dem Fresnelschen Ellipsoid stehen muß und zugleich in der Ebene durch $\mathfrak{S}$ und $\mathfrak{E}$ liegt, findet man genau wie oben, daß $\mathfrak{E}$ in Richtung einer der Hauptachsen der Schnittellipse liegen muß. Die Größe der Strahlgeschwindigkeit ergibt sich dann aus (15).

Trägt man in einem Geschwindigkeitsraum die Geschwindigkeit c_s von einem Zentrum aus in Richtung von $\mathfrak{S}$ ab, so beschreibt der Endpunkt von $\mathfrak{c}_s$ bei Variation der Richtung von $\mathfrak{S}$ die sog. Strahlenfläche. Wir wollen deren Gestalt hier diskutieren für den allgemeinen Fall, daß die drei Hauptdielektrizitätskonstanten verschieden sind. Wir numerieren die Achsen so, daß $\varepsilon_1 < \varepsilon_2 < \varepsilon_3$ ist. Dann gilt für die Achsen der Fresnelschen Ellipsoides $a_1 > a_2 > a_3$. Liegt $\mathfrak{S}$ in der Ebene senkrecht zur 3. Koordinatenachse, so ist die Schnittellipse der Ebene $\perp \mathfrak{S}$ mit dem Fresnelschen Ellipsoid symmetrisch zu der 1-2-Koordinatenebene (vgl. Abb. 31). Die eine der Achsen der Schnittellipse fällt daher immer in die Richtung der 3. Koordinatenachse und hat die Länge $|\hat{\mathfrak{E}}| = a_3 = \sqrt{\frac{2\,\hat{w}_e}{\varepsilon_0\,\varepsilon_3}}$. Die dieser Lösung entsprechende Strahlgeschwindigkeit ist nach (15) unabhängig von der Richtung von $\mathfrak{S}$ innerhalb der 1-2-Ebene und beträgt $\frac{\gamma}{\sqrt{\varepsilon_0\,\varepsilon_3\mu_0}} = \frac{c_0}{\sqrt{\varepsilon_3}} = c_{s3}$. Die andere Achse der Schnittellipse liegt in der 1-2-Koordinatenebene. Liegt $\mathfrak{S}$ parallel zur 1. Achse, so liegt sie in der 2. Achse und hat die Länge $a_2 = \sqrt{\frac{2\,\hat{w}_e}{\varepsilon\ \varepsilon_2}}$. Das entspricht der Strahlgeschwindigkeit $\frac{c_0}{\sqrt{\varepsilon_2}} = c_{s2}$. Dreht sich $\mathfrak{S}$ in der 1-2-Ebene von der Richtung parallel zur 1. Achse in die Richtung der 2. Achse, so wächst die Achsenlänge der Schnittellipse von dem Wert a_2 bis a_1. Die Strahlgeschwindigkeit steigt daher von dem Wert $c_{s2} = \frac{c_0}{\sqrt{\varepsilon_2}}$ bis $c_{s1} = \frac{c_0}{\sqrt{\varepsilon_1}}$. Die Strahlenfläche schneidet demnach die 1-2-Koordinatenebene in einem Kreis mit dem Radius c_{s3} und in einer ovalen, außerhalb des Kreises liegenden Kurve, die symmetrisch zu den Koordinatenachsen ist. Sie hat in Richtung der 1. Achse die Ausdehnung c_{s2} und in Richtung der 2. Achse die Ausdehnung c_{s1}.

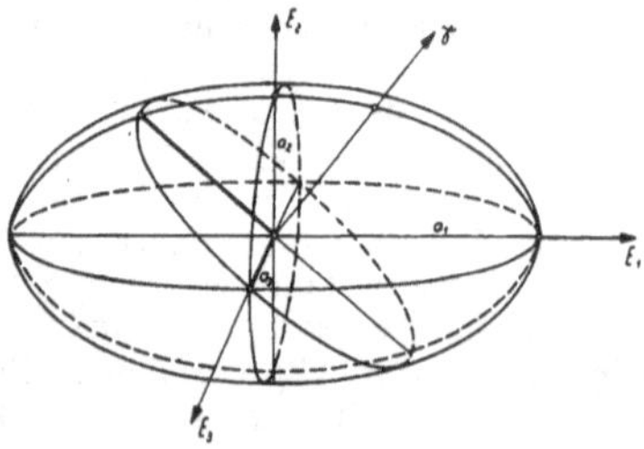

Abb. 31. Ein Fresnelsches Ellipsoid und die Schnittellipse mit einer Ebene senkrecht zu 𝔖 für den Fall, daß 𝔖 senkrecht zur 3. Achse ist.

Genauso kann man die Schnittkurven der Strahlenfläche mit den anderen Koordinatenebenen ermitteln. In der 2-3-Koordinatenebene tritt ein Kreis mit dem Radius c_{s1} auf und ein Oval, das in Richtung der 2. Achse die Ausdehnung c_{s3} und in Richtung der 3. Achse die Ausdehnung c_{s2} hat, also ganz innerhalb des Kreises liegt. Der Schnitt der Strahlenfläche mit der 1-3-Koordinatenebene ist ein Kreis mit dem Radius c_{s2} und ein Oval, das in Richtung der 1. Achse die Ausdehnung c_{s3} ($< c_{s2}$) und in Richtung der 3. Achse die Ausdehnung c_{s1}($> c_{s2}$) besitzt. In dieser Ebene schneiden sich also die beiden Schnittkurven. Es gibt daher in der 1-3-Ebene zwei zur 3. Achse symmetrisch liegende Richtungen, für die die beiden Strahlgeschwindigkeiten zusammenfallen. Diese Richtungen nennt man die optischen Achsen des Kristalls. Die ganze Strahlenfläche ist eine Fläche mit zwei ineinander liegenden Schalen, die an den optischen Achsen punktförmig zusammenhängen (vgl. Abb. 32).

Für Kristalle mit höherer Symmetrie als in dem soeben betrachteten völlig unsymmetrischen Fall kann die Strahlenfläche einfachere Gestalt besitzen. Wir wollen etwa einen tetragonalen Kristall betrachten, welcher zwei aufeinander senkrechte Ebenen mit Spiegelsymmetrie besitzt. In ihm müssen zwei Hauptdielektrizitätskonstanten gleich sein, etwa $\varepsilon_2 = \varepsilon_3$. Das Fresnelsche Ellipsoid ist dann ein Rotationsellipsoid um die 1. Achse. Für jede Richtung von $\mathfrak{S}$ liegt eine Achse der Schnittellipse mit der Ebene $\perp \mathfrak{S}$ in der Ebene senkrecht zur 1. Achse und hat die konstante Länge

$$a_2 = a_3 = \sqrt{\frac{2\,\hat{w}_e}{\varepsilon_0\,\varepsilon_2}}.$$

Die eine Strahlgeschwindigkeit ist also von der Richtung unabhängig und hat den Wert $c_{s2} = \frac{c_0}{\sqrt{\varepsilon_2}}$. Einen Lichtstrahl, der sich aus Wellen dieser Schwingungsform zusammensetzt, bezeichnet man als den ordentlichen Strahl. Bei ihm ist wie in isotropen Medien $\mathfrak{E} \| \mathfrak{D}$. Bei ihm schwingt die elektrische Feldstärke senkrecht zur 1. Achse des Fresnelschen Ellipsoids. Die andere mögliche Schwingungsform einer linear-polarisierten Welle hat eine richtungsabhängige Strahlgeschwindigkeit. Der Vektor $\hat{\mathfrak{E}}$ ($\perp \mathfrak{S}$) liegt bei ihr in der Ebene durch $\mathfrak{S}$ und die 1. Achse. Bei ihr ist im allgemeinen $\hat{\mathfrak{D}}$ nicht parallel $\hat{\mathfrak{E}}$. Einen Lichtstrahl aus Wellen dieser Schwingungsform nennt man einen außerordentlichen Strahl. Hat $\mathfrak{S}$ die Richtung der 1. Achse, so werden die Strahlgeschwindigkeiten für den ordentlichen und außerordentlichen Strahl gleich. Kristalle mit dieser Symmetrie haben also nur eine optische Achse. Diese Betrachtungen bilden die Grundlage der Kristalloptik. Die mannigfaltigen interessanten Erscheinungen dieses Gebietes können hier nicht weiter behandelt werden.

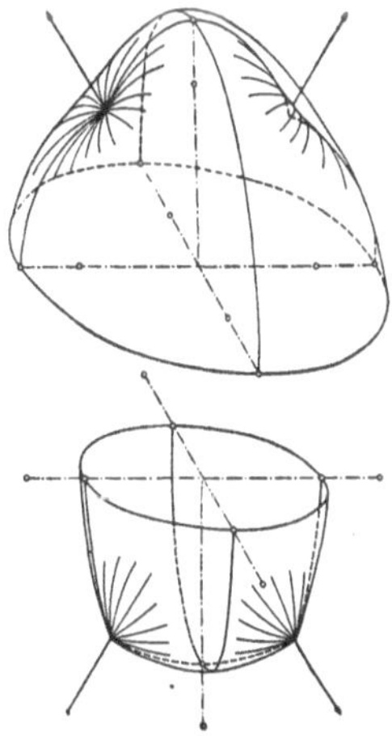

Abb. 32. Die Strahlenfläche eines optisch zweiachsigen Kristalls. Oben: Die obere Hälfte der äußeren Schale. Unten: Die untere Hälfte der inneren Schale. (Entnommen aus A. Sommerfeld: Vorlesungen über theor. Physik, Bd. IV, Optik. Wiesbaden, 1950, S. 147).

Namen- und Sachregister

GESAMTVERZEICHNIS

der

SAMMLUNG GÖSCHEN

Jeder Band DM 3,60 · Doppelband DM 5,80

Sommer 1962

WALTER DE GRUYTER & CO., BERLIN W 30

Inhaltsübersicht

Geisteswissenschaften

Philosophie

Einführung in die Philosophie von *H. Leisegang †*. 4. Auflage. 145 Seiten. 1960. (281)

Hauptprobleme der Philosophie von *G. Simmel †*. 7., unveränderte Auflage. 177 Seiten. 1950. (500)

Geschichte der Philosophie

I: Die griechische Philosophie von *W. Capelle*. 1. Teil. Von Thales bis Leukippos. 2., erweiterte Auflage. 135 Seiten. 1953. (857)

II: Die griechische Philosophie von *W. Capelle*. 2. Teil. Von der Sophistik bis zum Tode Platons. 2., stark erweiterte Auflage. 144 Seiten. 1953. (858)

III: Die griechische Philosophie von *W. Capelle*. 3. Teil. Vom Tode Platons bis zur Alten Stoa. 2., stark erweiterte Auflage. 132 Seiten. 1954. (859)

IV: Die griechische Philosophie von *W. Capelle*. 4. Teil. Von der Alten Stoa bis zum Eklektizismus im 1. Jh. v. Chr. 2., stark erweiterte Auflage. 132 Seiten. 1954. (863)

V: Die Philosophie des Mittelalters von *J. Koch*. In Vorbereitung. (826)

VI: Von der Renaissance bis Kant von *K. Schilling*. 234 Seiten. 1954. (394/394 a)

VII: Immanuel Kant von *G. Lehmann*. In Vorbereitung. (536)

VIII: Die Philosophie des 19. Jahrhunderts von *G. Lehmann*. 1. Teil. 151 Seiten. 1953. (571)

IX: Die Philosophie des 19. Jahrhunderts von *G. Lehmann*. 2. Teil. 168 Seiten. 1953. (709)

X: Die Philosophie im ersten Drittel des 20. Jahrhunderts 1. Teil von *G. Lehmann*. 128 Seiten. 1957. (845)

XI: Die Philosophie im ersten Drittel des 20. Jahrhunderts 2. Teil von *G. Lehmann*. 114 Seiten. 1960. (850)

Die geistige Situation der Zeit (1931) von *K. Jaspers*. 5., unveränderter Abdruck der im Sommer 1932 bearbeiteten 5. Auflage. 211 Seiten. 1960. (1000)

Erkenntnistheorie von *G. Kropp*.
I. Teil: Allgemeine Grundlegung. 143 Seiten. 1950. (807)

Formale Logik von *P. Lorenzen*. 2. Auflage. 165 Seiten. 1962. (1176/1176 a)

Philosophisches Wörterbuch von *M. Apel †*. 5., völlig neubearbeitete Auflage von *P. Ludz*. 315 Seiten. 1958. (1031/1031 a)

Philosophische Anthropologie. Menschliche Selbstdeutung in Geschichte und Gegenwart von *M. Landmann*. 266 Seiten. 1955. (156/156 a)

Pädagogik, Psychologie, Soziologie

Geschichte der Pädagogik von *Herm. Weimer*. 15., neubearbeitete und vermehrte Auflage von *Heinz Weimer*. 184 Seiten. 1962. (145)

Therapeutische Psychologie. Ihr Weg durch die Psychoanalyse von *W. M. Kranefeldt*. Mit einer Einführung von *C. G. Jung*. 3. Auflage. 152 Seiten. 1956. (1034)

GEISTESWISSENSCHAFTEN

Allgemeine Psychologie von *Th. Erismann.* 3 Bände. 2., neubearbeitete Auflage.
I: Grundprobleme. 146 Seiten. 1958. (831)
II: Grundarten des physischen Geschehens. 248 Seiten. 1959. (832/832a)
III: Psychologie der Persönlichkeit. Etwa 306 Seiten, 26 Abbildungen. 1962. (833/833a)

Soziologie. Geschichte und Hauptprobleme von *L. von Wiese.* 6. Auflage. 175 Seiten. 1960. (101)

Ideengeschichte der sozialen Bewegung des 19. und 20. Jh. von *W. Hofmann.* 240 Seiten. 1962. (1205/1205a)

Sozialpsychologie von *P. R. Hofstätter.* 181 Seiten, 15 Abbildungen, 22 Tabellen. 1956. (104/104a)

Psychologie des Berufs- und Wirtschaftslebens von *W. Moede †.* 190 Seiten, 48 Abbildungen. 1958. (851/851a)

Industrie- und Betriebssoziologie von *R. Dahrendorf.* 2., umgearbeitete und erweiterte Auflage. 142 Seiten, 3 Figuren. 1962. (103)

Religion

Jesus von *M. Dibelius †.* 3. Auflage, mit einem Nachtrag von *W. G. Kümmel.* 140 Seiten. 1960. (1130)

Paulus von *M. Dibelius †.* Nach dem Tode des Verfassers herausgegeben und zu Ende geführt von *W. G. Kümmel.* 2., durchgesehene Auflage. 155 Seiten. 1956. (1160)

Luther von *F. Lau.* 151 Seiten. 1959. (1187)

Melanchthon von *R. Stupperich.* 139 Seiten. 1960. (1190)

Einführung in die Konfessionskunde der orthodoxen Kirchen von *K. Onasch.* 291 Seiten. 1962. (1197/1197a)

Geschichte des christlichen Gottesdienstes von *W. Nagel.* In Vorbereitung. (1202/1202a)

Geschichte Israels. Von den Anfängen bis zur Zerstörung des Tempels (70 n. Chr.) von *E. L. Ehrlich.* 158 Seiten, 1 Tafel. 1958. (231/231a)

Römische Religionsgeschichte von *F. Altheim.* 2 Bände. 2., umgearbeitete Auflage.
I: Grundlagen und Grundbegriffe. 116 Seiten. 1956. (1035)
II: Der geschichtliche Ablauf. 164 Seiten. 1956. (1052)

Die Religion des Buddhismus von *D. Schlingloff.* 2 Bände.
I: Der Heilsweg des Mönchtums. In Vorbereitung. (174)

Musik

Musikästhetik von *H. J. Moser.* 180 Seiten. Mit zahlreichen Notenbeispielen. 1953. (344)

Systematische Modulation von *R. Hernried.* 2. Auflage. 136 Seiten. Mit zahlreichen Notenbeispielen. 1950. (1094)

Der polyphone Satz von *E. Pepping.* 2 Bände.
I: Der cantus-firmus-Satz. 2. Auflage. 223 Seiten. Mit zahlreichen Notenbeispielen. 1950. (1148)
II: Übungen im doppelten Kontrapunkt und im Kanon. 137 Seiten. Mit zahlreichen Notenbeispielen. 1957. (1164/1164a)

Allgemeine Musiklehre von *H. J. Moser.* 2., durchgesehene Auflage. 155 Seiten. Mit zahlreichen Notenbeispielen. 1955. (220/220a)

Harmonielehre von *H. J. Moser.* 2 Bände.
I: 109 Seiten. Mit 120 Notenbeispielen. 1954. (809)

Die Musik des 19. Jahrhunderts von *W. Oehlmann.* 180 Seiten. 1953. (170)

Die Musik des 20. Jahrhunderts von *W. Oehlmann.* 312 Seiten. 1961. (171/171a)
Technik der deutschen Gesangskunst von *H. J. Moser.* 3., durchgesehene und verbesserte Auflage. 144 Seiten, 5 Figuren sowie Tabellen und Notenbeispiele. 1954. (576/576a)
Die Kunst des Dirigierens von *H. W. von Waltershausen †.* 2., vermehrte Auflage. 138 Seiten. Mit 19 Notenbeispielen. 1954. (1147)
Die Technik des Klavierspiels aus dem Geiste des musikalischen Kunstwerkes von *K. Schubert †.* 3. Auflage. 110 Seiten. Mit Notenbeispielen. 1954. (1045)

Kunst

Stilkunde von *H. Weigert.* 2 Bände. 3., durchgesehene und ergänzte Auflage.
I: Vorzeit, Antike, Mittelalter. 136 Seiten, 94 Abbildungen. 1958. (80)
II: Spätmittelalter und Neuzeit. 150 Seiten, 88 Abbildungen. 1958. (781)
Archäologie von *A. Rumpf.* 2 Bände.
I: Einleitung, historischer Überblick. 143 Seiten, 6 Abbildungen, 12 Tafeln. 1953. (538)
II: Die Archäologensprache. Die antiken Reproduktionen. 136 Seiten, 7 Abbildungen, 12 Tafeln. 1956. (539)

Geschichte

Einführung in die Geschichtswissenschaft von *P. Kirn.* 3., durchgesehene Auflage. 128 Seiten. 1959. (270)
Einführung in die Zeitgeschichte von *B. Scheurig.* 101 Seiten. 1962. (1204)
Zeitrechnung der römischen Kaiserzeit, des Mittelalters und der Neuzeit für die Jahre 1—2000 n. Chr. von *H. Lietzmann †.* 3. Auflage, durchgesehen von *K. Aland.* 130 Seiten. 1956. (1085)
Kultur der Urzeit von *F. Behn.* 3 Bände. 4. Auflage der Kultur der Urzeit Bd. 1—3 von *M. Hoernes.*
I: Die vormetallischen Kulturen. (Die Steinzeiten Europas. Gleichartige Kulturen in anderen Erdteilen.) 172 Seiten, 48 Abbildungen. 1950. (564)
II: Die älteren Metallkulturen. (Der Beginn der Metallbenutzung. Kupfer- und Bronzezeit in Europa, im Orient und in Amerika.) 160 Seiten, 67 Abbildungen. 1950. (565)
III: Die jüngeren Metallkulturen. (Das Eisen als Kulturmetall, Hallstatt-Latène-Kultur in Europa. Das erste Auftreten des Eisens in den anderen Weltteilen.) 149 Seiten, 60 Abbildungen. 1950. (566)
Vorgeschichte Europas von *F. Behn.* Völlig neue Bearbeitung der 7. Auflage der „Urgeschichte der Menschheit" von *M. Hoernes.* 125 Seiten, 47 Abbildungen. 1949. (42)
Der Eintritt der Germanen in die Geschichte von *J. Haller †.* 3. Auflage, durchgesehen von *H. Dannenbauer.* 120 Seiten, 6 Kartenskizzen. 1957. (1117)
Von den Karolingern zu den Staufern. Die altdeutsche Kaiserzeit (900—1250) von *J. Haller †.* 4., durchgesehene Auflage von *H. Dannenbauer.* 142 Seiten, 4 Karten. 1958. (1065)
Von den Staufern zu den Habsburgern. Auflösung des Reichs und Emporkommen der Landesstaaten (1250—1519) von *J. Haller †.* 2., durchgesehene Auflage von *H. Dannenbauer.* 118 Seiten, 6 Kartenskizzen. 1960. (1077)
Deutsche Geschichte im Zeitalter der Reformation, der Gegenreformation und des dreißigjährigen Krieges von *F. Hartung.* 129 Seiten. 1951. (1105)
Deutsche Geschichte von 1648—1740. Politischer und geistiger Wiederaufbau von *W. Treue.* 120 Seiten. 1956. (35)

Deutsche Geschichte von 1713 – 1806. Von der Schaffung des europäischen Gleichgewichts bis zu Napoleons Herrschaft von *W. Treue*. 168 Seiten. 1957. (39)

Deutsche Geschichte von 1806 – 1890. Vom Ende des alten bis zur Höhe des neuen Reiches von *W. Treue*. 128 Seiten. 1961. (893)

Deutsche Geschichte von 1890 bis zur Gegenwart von *W. Treue*. In Vorbereitung. (894)

Quellenkunde der Deutschen Geschichte im Mittelalter (bis zur Mitte des 15. Jahrhunderts) von *K. Jacob †*. 3 Bände.
- I: Einleitung. Allgemeiner Teil. Die Zeit der Karolinger. 6. Auflage, bearbeitet von *H. Hohenleutner*. 127 Seiten. 1959. (279)
- II: Die Kaiserzeit (911—1250). 5. Auflage, neubearbeitet von *H. Hohenleutner*. 141 Seiten. 1961. (280)
- III: Das Spätmittelalter (vom Interregnum bis 1500). Herausgegeben von *F. Weden*. 152 Seiten. 1952. (284)

Geschichte Englands von *H. Preller*. 2 Bände.
- I: bis 1815. 3., stark umgearbeitete Auflage. 135 Seiten, 7 Stammtafeln, 2 Karten. 1952. (375)
- II: Von 1815 bis 1910. 2., völlig umgearbeitete Auflage. 118 Seiten, 1 Stammtafel, 7 Karten. 1954. (1088)

Römische Geschichte von *F. Altheim*. 4 Bände. 2., verbesserte Auflage.
- I: Bis zur Schlacht bei Pydna (168 v. Chr.). 124 Seiten. 1956. (19)
- II: Bis zur Schlacht bei Actium (31 v. Chr.). 129 Seiten. 1956. (677)
- III: Bis zur Schlacht an der Milvischen Brücke (312 n. Chr.). 148 Seiten. 1958. (679)
- IV: Bis zur Schlacht am Yarmuk (636 n. Chr.). In Vorbereitung. (684)

Geschichte der Vereinigten Staaten von Amerika von *O. Graf zu Stolberg-Wernigerode*. 192 Seiten, 10 Karten. 1956. (1051/1051 a)

Deutsche Sprache und Literatur

Geschichte der Deutschen Sprache von *H. Sperber*. 3. Auflage, besorgt von *W. Fleischhauer*. 128 Seiten. 1958. (915)

Deutsches Rechtschreibungswörterbuch von *M. Gottschald †*. 2., verbesserte Auflage. 219 Seiten. 1953. (200/200 a)

Deutsche Wortkunde. Kulturgeschichte des deutschen Wortschatzes von *A. Schirmer*. 4. Auflage von *W. Mitzka*. 123 Seiten. 1960. (929)

Deutsche Sprachlehre von *W. Hofstaetter*. 10. Auflage. Völlige Umarbeitung der 8. Auflage. 150 Seiten. 1960. (20)

Stimmkunde für Beruf, Kunst und Heilzwecke von *H. Biehle*. 111 Seiten. 1955. (60)

Redetechnik. Einführung in die Rhetorik von *H. Biehle*. 2., erweiterte Auflage. 151 Seiten. 1961. (61)

Sprechen und Sprachpflege (Die Kunst des Sprechens) von *H. Feist*. 2., verbesserte Auflage. 99 Seiten, 25 Abbildungen. 1952. (1122)

Deutsches Dichten und Denken von der germanischen bis zur staufischen Zeit von *H. Naumann †*. (Deutsche Literaturgeschichte vom 5.—13. Jahrhundert.) 2., verbesserte Auflage. 166 Seiten. 1952. (1121)

Deutsches Dichten und Denken vom Mittelalter zur Neuzeit von *G. Müller* (1270 bis 1700). 2., durchgesehene Auflage. 159 Seiten. 1949. (1086)

Deutsches Dichten und Denken von der Aufklärung bis zum Realismus (Deutsche Literaturgeschichte von 1700—1890) von *K. Viëtor †*. 3., durchgesehene Auflage. 159 Seiten. 1958. (1096)

Der Nibelunge Nôt in Auswahl mit kurzem Wörterbuch von *K. Langosch*. 10., durchgesehene Auflage. 164 Seiten. 1956. (1)

Kudrun und Dietrich-Epen in Auswahl mit Wörterbuch von *O. L. Jiriczek*. 6. Auflage, bearbeitet von *R. Wisniewski*. 173 Seiten. 1957. (10)

Wolfram von Eschenbach. Parzival. Eine Auswahl mit Anmerkungen und Wörterbuch von *H. Jantzen*. 2. Auflage, bearbeitet von *H. Kolb*. 128 Seiten. 1957. (921)

Hartmann von Aue. Der arme Heinrich nebst einer Auswahl aus der „Klage", dem „Gregorius" und den Liedern (mit einem Wörterverzeichnis) herausgegeben von *F. Maurer*. 96 Seiten. 1958. (18)

Gottfried von Strassburg in Auswahl herausgegeben von *F. Maurer*. 142 Seiten. 1959. (22)

Die deutschen Personennamen von *M. Gottschald †*. 2., verbesserte Auflage. 151 Seiten. 1955. (422)

Althochdeutsches Elementarbuch. Grammatik und Texte. 3., verbesserte und vermehrte Auflage von *W. Betz*. 1962. In Vorbereitung. (1111)

Mittelhochdeutsche Grammatik von *H. de Boor* und *R. Wisniewski*. 2., verbesserte und ergänzte Auflage. 142 Seiten. 1960. (1108)

Indogermanisch, Germanisch

Indogermanische Sprachwissenschaft von *H. Krahe*. 2 Bände.
I: Einleitung und Lautlehre. 4. Auflage. 110 Seiten. 1962. (59)
II: Formenlehre. 3., neubearbeitete Auflage. 124 Seiten. 1959. (64)

Gotisches Elementarbuch. Grammatik, Texte mit Übersetzung und Erläuterungen von *H. Hempel*. 3., umgearbeitete Auflage. 166 Seiten. 1962. (79/79a)

Germanische Sprachwissenschaft von *H. Krahe*. 2 Bände. 4., überarbeitete Auflage.
I: Einleitung und Lautlehre. 147 Seiten. 1960. (238)
II: Formenlehre. 149 Seiten. 1961. (780)

Altnordisches Elementarbuch. Schrift, Sprache, Texte mit Übersetzung und Wörterbuch von *F. Ranke*. 2., durchgesehene Auflage. 146 Seiten. 1949. (1115)

Englisch, Romanisch

Altenglisches Elementarbuch von *M. Lehnert*. Einführung, Grammatik, Texte mit Übersetzung und Wörterbuch. 5., verbesserte Auflage. 178 Seiten. 1962. (1125)

Historische neuenglische Laut- und Formenlehre von *E. Ekwall*. 3., durchgesehene Auflage. 150 Seiten. 1956. (735)

Englische Phonetik von *H. Mutschmann †*. 117 Seiten. 1956. (601)

Englische Literaturgeschichte von *F. Schubel*. 4 Bände.
I: Die alt- und mittelenglische Periode. 163 Seiten. 1954. (1114)
II: Von der Renaissance bis zur Aufklärung. 160 Seiten. 1956. (1116)
III: Romantik und Viktorianismus. 160 Seiten. 1960. (1124)

Beowulf von *M. Lehnert*. Eine Auswahl mit Einführung, teilweiser Übersetzung, Anmerkungen und etymologischem Wörterbuch. 3., verbesserte Auflage. 135 Seiten. 1959. (1135)

Shakespeare von *P. Meißner* †. 2. Auflage, neubearbeitet von *M. Lehnert*. 136 Seiten. 1954. (1142)

Italienische Literaturgeschichte von *K. Voßler* †. 5. Auflage, neubearbeitet von *A. Noyer-Weidner*. In Vorbereitung. (125)

Romanische Sprachwissenschaft von *H. Lausberg*. 4 Bände.
I: Einleitung und Vokalismus. 160 Seiten. 1956. (128/128a)
II: Konsonantismus. 95 Seiten. 1956. (250)
III: Formenlehre. Etwa 260 Seiten. 1962. (1199/1199a)
IV: Wortlehre. In Vorbereitung. (1200)

Griechisch, Lateinisch

Griechische Sprachwissenschaft von *W. Brandenstein*. 2 Bände.
I: Einleitung, Lautsystem, Etymologie. 160 Seiten. 1954. (117)
II: Wortbildung und Formenlehre. 192 Seiten. 1959. (118/118a)

Geschichte der griechischen Sprache. 2 Bände.
I: Bis zum Ausgang der klassischen Zeit von *O. Hoffmann* †. 3. Auflage, bearbeitet von *A. Debrunner* †. 156 Seiten. 1953. (111)
II: Grundfragen und Grundzüge des nachklassischen Griechisch von *A. Debrunner* †. 144 Seiten. 1954. (114)

Geschichte der griechischen Literatur von *W. Nestle*. 2 Bände. 3. Auflage, bearbeitet von *W. Liebich*.
I: 144 Seiten. 1961. (70) II: In Vorbereitung. (557)

Grammatik der neugriechischen Volkssprache von *J. Kalitsunakis*. 3., völlig neubearbeitete und erweiterte Auflage. Etwa 195 Seiten. 1962. (756/756a)

Neugriechisch-deutsches Gesprächsbuch von *J. Kalitsunakis*. 2. Auflage, bearbeitet von *A. Steinmetz*. 99 Seiten. 1960. (587)

Geschichte der lateinischen Sprache von *F. Stolz*. 4. Auflage von *A. Debrunner* †. In Vorbereitung. (492)

Geschichte der römischen Literatur von *L. Bieler*. 2 Bände.
I: Die Literatur der Republik. 160 Seiten. 1961. (52)
II: Die Literatur der Kaiserzeit. 133 Seiten. 1961. (866)

Hebräisch, Sanskrit, Russisch

Hebräische Grammatik von *G. Beer* †. 2 Bände. 2., völlig neubearbeitete Auflage von *R. Meyer*.
I: Schrift-, Laut- und Formenlehre I. 3. Auflage. 157 Seiten. In Vorbereitung (763/763a)
II: Formenlehre II. Syntax und Flexionstabellen. 195 Seiten. 1955. (764/764a)

Hebräisches Textbuch zu *G. Beer-R. Meyer*, Hebräische Grammatik von *R. Meyer*. 170 Seiten. 1960. (769/769a)

Sanskrit-Grammatik von *M. Mayrhofer*. 89 Seiten. 1953. (1158)

Russische Grammatik von *E. Berneker* †. 6., verbesserte Auflage von *M. Vasmer*. 155 Seiten. 1961. (66)

Slavische Sprachwissenschaft von *H. Bräuer*. 2 Bände.
I: Einleitung, Lautlehre. 221 Seiten. 1961. (1191/1191a)

Erd- und Länderkunde, Kartographie

Afrika von *F. Jaeger*. Ein geographischer Überblick. 2 Bände. 2., umgearbeitete Auflage.
I: Der Lebensraum. 179 Seiten, 18 Abbildungen. 1954. (910)
II: Mensch und Kultur. 155 Seiten, 6 Abbildungen. 1954. (911)

Australien und Ozeanien von *H. J. Krug*. 176 Seiten, 46 Skizzen. 1953. (319)

Kartographie von *V. Heissler*. Etwa 215 Seiten, 125 Abb., 8 Kartenanlagen. 1962. Im Druck. (30/30a)

Volkswirtschaft, Statistik, Publizistik

Allgemeine Betriebswirtschaftslehre von *K. Mellerowicz*. 4 Bände. 10., erweiterte und veränderte Auflage. (Bd. I und II: 11., durchgesehene Auflage)
I: 224 Seiten. 1961. (1008/1008a) II: 188 Seiten. 1962. (1153/1153a)
III: 260 Seiten. 1959. (1154/1154a) IV: 209 Seiten. 1959. (1186/1186a)

Geschichte der Volkswirtschaftslehre von *S. Wendt*. 182 Seiten. 1961. (1194)

Allgemeine Volkswirtschaftslehre von *A. Paulsen*. 4 Bände.
I: Grundlegung, Wirtschaftskreislauf. 4., durchgesehene und ergänzte Auflage. 148 Seiten. 1962. In Vorbereitung. (1169)
II: Haushalte, Unternehmungen, Marktformen. 4., neubearbeitete Auflage. 166 Seiten, 32 Abbildungen. 1962. In Vorbereitung. (1170)
III: Produktionsfaktoren. 2., neubearbeitete und ergänzte Auflage. 200 Seiten. 1961. (1171)
IV: Gesamtbeschäftigung, Konjunkturen, Wachstum. 2. Auflage. 174 Seiten. 1962. (1172)

Allgemeine Volkswirtschaftspolitik von *H. Ohm*. 2 Bände.
I: Systematisch-Theoretische Grundlegung. 137 Seiten, 6 Abbildungen. 1962. (1195)
II: Der volkswirtschaftliche Gesamtorganismus als Objekt der Wirtschaftspolitik. In Vorbereitung. (1196)

Finanzwissenschaft von *H. Kolms*. 4 Bände.
I: Grundlegung, Öffentliche Ausgaben. 160 Seiten. 1959. (148)
II: Erwerbseinkünfte, Gebühren und Beiträge; Allgemeine Steuerlehre. 148 Seiten. 1960. (391)
III: Besondere Steuerlehre. 178 Seiten. 1962. (776)
IV: Öffentlicher Kredit. Haushaltswesen. Finanzausgleich. In Vorbereitung. (782)

Finanzmathematik von *M. Nicolas*. 192 Seiten, 11 Tafeln, 8 Tabellen und 72 Beispiele. 1959. (1183/1183a)

Industrie- und Betriebssoziologie von *R. Dahrendorf*. 2., umgearbeitete und erweiterte Auflage. 142 Seiten, 3 Figuren. 1962. (103)

Wirtschaftssoziologie von *F. Fürstenberg*. 122 Seiten. 1961. (1193)

Psychologie des Berufs- und Wirtschaftslebens von *W. Moede †*. 190 Seiten, 48 Abbildungen. 1958. (851/851a)

Allgemeine Methodenlehre der Statistik von *J. Pfanzagl*. 2 Bände.
I: Elementare Methoden unter besonderer Berücksichtigung der Anwendungen in den Wirtschafts- und Sozialwissenschaften. 205 Seiten, 35 Abbildungen. 1960. (746/746a)
II: Höhere Methoden unter besonderer Berücksichtigung der Anwendungen in Naturwissenschaft, Medizin und Technik. 295 Seiten, 39 Abbildungen. 1962. (747/747a)

Zeitungslehre von *E. Dovifat.* 2 Bände. 4., neubearbeitete Auflage.
I: Theoretische und rechtliche Grundlagen — Nachricht und Meinung — Sprache und Form. 148 Seiten. 1962. (1039)
II: Redaktion — Die Sparten: Verlag und Vertrieb, Wirtschaft und Technik, Sicherung der öffentlichen Aufgabe. 168 Seiten. 1962. (1040)

Naturwissenschaften

Mathematik

Geschichte der Mathematik von *J. E. Hofmann.* 4 Bände.
I: Von den Anfängen bis zum Auftreten von Fermat und Descartes. 2. Auflage. 200 Seiten. 1962. In Vorbereitung. (226/226a)
II: Von Fermat und Descartes bis zur Erfindung des Calculus und bis zum Ausbau der neuen Methoden. 109 Seiten. 1957. (875)
III: Von den Auseinandersetzungen um den Calculus bis zur französischen Revolution. 107 Seiten. 1957. (882)
IV: Geschichte der Mathematik der neuesten Zeit von *N. Stuloff.* In Vorbereitung. (883)

Mathematische Formelsammlung von *F. O. Ringleb.* 7., erweiterte Auflage. 320 Seiten, 40 Figuren. 1960. (51/51a)

Vierstellige Tafeln und Gegentafeln für logarithmisches und trigonometrisches Rechnen in zwei Farben zusammengestellt von *H. Schubert* und *R. Haussner.* 3., neubearbeitete Auflage von *J. Erlebach.* 158 Seiten. 1960. (81)

Fünfstellige Logarithmen von *A. Adler.* Mit mehreren graphischen Rechentafeln und häufig vorkommenden Zahlenwerten. 4. Auflage, überarbeitet von *J. Erlebach.* 127 Seiten, 1 Tafel. In Vorbereitung. (423)

Arithmetik von *P. B. Fischer †.* 3. Auflage von *H. Rohrbach.* 152 Seiten, 19 Abbildungen. 1958. (47)

Höhere Algebra von *H. Hasse.* 2 Bände. 4., durchgesehene Auflage.
I: Lineare Gleichungen. 152 Seiten. 1957. (931)
II: Gleichungen höheren Grades. 158 Seiten, 5 Figuren. 1958. (932)

Aufgabensammlung zur höheren Algebra von *H. Hasse* und *W. Klobe.* 3., verbesserte Auflage. 183 Seiten. 1961. (1082)

Elementare und klassische Algebra vom modernen Standpunkt von *W. Krull.* 2 Bände.
I: 2., erweiterte Auflage. 136 Seiten. 1952. (930)
II: 132 Seiten. 1959. (933)

Algebraische Kurven und Flächen von *W. Burau.* 2 Bände.
I: Algebraische Kurven der Ebene. 153 Seiten, 28 Figuren. 1962. (435)
II: Algebraische Flächen 3. Grades und Raumkurven 3. und 4. Grades. 1962. In Vorbereitung. (436)

Einführung in die Zahlentheorie von *A. Scholz †.* Überarbeitet und herausgegeben von *B. Schoeneberg.* 3. Auflage. 128 Seiten. 1961. (1131)

Formale Logik von *P. Lorenzen.* 2. Auflage. 165 Seiten. 1962. (1176/1176a)

Topologie von *W. Franz.* 2 Bände.
I: Allgemeine Topologie. 144 Seiten, 9 Figuren. 1960. (1181)

Elemente der Funktionentheorie von *K. Knopp †.* 5. Auflage. 144 Seiten, 23 Fig. 1959. (1109)

Funktionentheorie von *K. Knopp †*. 2 Bände. 10. Auflage.
I: Grundlagen der allgemeinen Theorie der analytischen Funktionen. 144 Seiten, 8 Figuren. 1961. (668)
II: Anwendungen und Weiterführung der allgemeinen Theorie. 130 Seiten, 7 Figuren. 1962. (703)

Aufgabensammlung zur Funktionentheorie von *K. Knopp †*. 2 Bände.
I: Aufgaben zur elementaren Funktionentheorie. 6. Auflage. 135 Seiten. In Vorbereitung. (877)
II: Aufgaben zur höheren Funktionentheorie. 5. Auflage. 151 Seiten. 1959. (878)

Differential- und Integralrechnung von *M. Barner*. (Früher *Witting*). 4 Bände.
I: Grenzwertbegriff, Differentialrechnung. 176 Seiten. 1961. (86/86 a)

Gewöhnliche Differentialgleichungen von *G. Hoheisel*. 6., neubearbeitete und erweiterte Auflage. 128 Seiten. 1960. (920)

Partielle Differentialgleichungen von *G. Hoheisel*. 4., durchgesehene Auflage. 128 Seiten. 1960. (1003)

Aufgabensammlung zu den gewöhnlichen und partiellen Differentialgleichungen von *G. Hoheisel*. 4., durchgesehene und verbesserte Auflage. 124 Seiten. 1958. (1059)

Integralgleichungen von *G. Hoheisel*. 2., durchgesehene Auflage. 1962. In Vorbereitung. (1099)

Mengenlehre von *E. Kamke*. 4., verbesserte Auflage. 194 Seiten, 6 Figuren. 1962. (999/999 a)

Gruppentheorie von *L. Baumgartner*. 3., neubearbeitete Auflage. 110 Seiten, 3 Tafeln. 1958. (837)

Ebene und sphärische Trigonometrie von *G. Hessenberg †*. 5. Auflage, durchgesehen von *H. Kneser*. 172 Seiten, 60 Figuren. 1957. (99)

Darstellende Geometrie von *W. Haack*. 3 Bände.
I: Die wichtigsten Darstellungsmethoden. Grund- und Aufriß ebenflächiger Körper. 3., durchgesehene und ergänzte Auflage. 113 Seiten, 120 Abbildungen. 1960. (142)
II: Körper mit krummen Begrenzungsflächen. Kotierte Projektionen. 3., durchgesehene Auflage. 129 Seiten, 86 Abbildungen. 1962. (143)
III: Axonometrie und Perspektive. 2., durchgesehene und ergänzte Auflage. 129 Seiten, 100 Abbildungen. 1962. (144)

Analytische Geometrie von *K. P. Grotemeyer*. 2., erweiterte Auflage. 218 Seiten, 73 Abbildungen. 1962. (65/65 a)

Nichteuklidische Geometrie. Hyperbolische Geometrie der Ebene von *R. Baldus †*. Durchgesehen und herausgegeben von *F. Löbell*. 3., verbesserte Auflage. 140 Seiten, 70 Figuren. 1953. (970)

Differentialgeometrie von *K. Strubecker* (früher *Rothe*). 3 Bände.
I: Kurventheorie der Ebene und des Raumes. 150 Seiten, 18 Figuren. 1955. (1113/1113 a)
II: Theorie der Flächenmetrik. 195 Seiten, 14 Figuren. 1958. (1179/1179 a)
III: Theorie der Flächenkrümmung. 254 Seiten, 38 Figuren. 1959. (1180/1180 a)

Variationsrechnung von *L. Koschmieder*. 2 Bände. 2., neubearbeitete Auflage.
I: Das freie und gebundene Extrem einfacher Grundintegrale. 128 Seiten, 23 Figuren. 1962. (1074)

Einführung in die konforme Abbildung von *L. Bieberbach*. 5., erweiterte Auflage. 180 Seiten, 42 Figuren. 1956. (768/768 a)

Vektoren und Matrizen von *S. Valentiner*. 2. Auflage. (9., erweiterte Auflage der „Vektoranalysis"). Mit Anhang: Aufgaben zur Vektorrechnung von *H. König*. 202 Seiten, 35 Figuren. 1960. (354/354a)

Versicherungsmathematik von *F. Böhm*. 2 Bände.
- I: Elemente der Versicherungsrechnung. 3., vermehrte und verbesserte Auflage. Durchgesehener Neudruck. 151 Seiten. 1953. (180)
- II: Lebensversicherungsmathematik. Einführung in die technischen Grundlagen der Sozialversicherung. 2., verbesserte und vermehrte Auflage. 205 Seiten. 1953. (917/917a)

Finanzmathematik von *M. Nicolas*. 192 Seiten, 11 Tafeln, 8 Tabellen und 72 Beispiele. 1959. (1183/1183a)

Physik

Einführung in die theoretische Physik von *W. Döring*. 5 Bände.
- I: Mechanik. 2., verbesserte Auflage. 123 Seiten, 25 Abbildungen. 1960. (76)
- II: Das elektromagnetische Feld. 2., verbesserte Auflage. 132 Seiten, 15 Abbildungen. 1962. (77)
- III: Optik. 117 Seiten, 32 Abbildungen. 1956. (78)
- IV: Thermodynamik. 107 Seiten, 9 Abbildungen. 1956. (374)
- V: Statistische Mechanik. 114 Seiten, 12 Abbildungen. 1957. (1017)

Mechanik deformierbarer Körper von *M. Päsler*. 199 Seiten, 48 Abbildungen. 1960. (1189/1189a)

Atomphysik von *K. Bechert* und *Ch. Gerthsen* †. 7 Bände.
- I: Allgemeine Grundlagen. 1. Teil. 4., durchgesehene Auflage von *A. Flammersfeld*. 124 Seiten, 35 Abbildungen. 1959. (1009)
- II: Allgemeine Grundlagen. 2. Teil. 4. Auflage. 1962. In Vorber. (1033)
- III: Theorie des Atombaus. 1. Teil. 4., umgearbeitete Auflage. 148 Seiten, 16 Abbildungen. 1962. In Vorbereitung (1123/1123a)
- IV: Theorie des Atombaus. 2. Teil. 3., umgearbeitete Auflage. 170 Seiten, 14 Abbildungen. 1954. (1165/1165a)

Differentialgleichungen der Physik von *F. Sauter*. 3., durchgesehene und ergänzte Auflage. 148 Seiten, 16 Figuren. 1958. (1070)

Physikalische Formelsammlung von *G. Mahler* †. Neubearbeitet von *K. Mahler* 10., durchgesehene Auflage. 153 Seiten, 69 Figuren. 1959. (136)

Physikalische Aufgabensammlung von *G. Mahler* †. Neu bearbeitet von *K. Mahler*. Mit den Ergebnissen. 11. Auflage. 127 Seiten. 1961. (243)

Chemie

Geschichte der Chemie in kurzgefaßter Darstellung von *G. Lockemann*. 2 Bände.
- I: Vom Altertum bis zur Entdeckung des Sauerstoffs. 142 Seiten, 8 Bildnisse. 1950. (264)
- II: Von der Entdeckung des Sauerstoffs bis zur Gegenwart. 151 Seiten, 16 Bildnisse. 1955. (265/265a)

Anorganische Chemie von *W. Klemm*. 12., neubearbeitete und erweiterte Auflage. 255 Seiten, 34 Abbildungen. 1962. (37/37a)

Organische Chemie von *W. Schlenk*. 8., erweiterte Auflage. 272 Seiten, 16 Abbildungen. 1960. (38/38a)

Physikalische Methoden der Organischen Chemie von *G. Kresze*. Etwa 280 Seiten, 65 Abbildungen 1962. (44/44a)

Allgemeine und physikalische Chemie von *W. Schulze*. 2 Bände.
- I: 5., durchgesehene Auflage. 139 Seiten, 10 Figuren. 1960. (71)
- II: 5., verbesserte Auflage. 178 Seiten, 37 Figuren. 1961. (698/698a).

Einfache Versuche zur allgemeinen und physikalischen Chemie von *E. Dehn.* 371 Versuche mit 40 Abbildungen. 272 Seiten. 1962. (1201/1201 a)

Molekülbau. Theoretische Grundlagen und Methoden der Strukturermittlung von *W. Schulze.* 123 Seiten, 43 Figuren. 1958. (786)

Physikalisch-chemische Rechenaufgaben von *E. Asmus.* 3., verbesserte Auflage. 96 Seiten. 1958. (445)

Maßanalyse. Theorie und Praxis der klassischen und der elektrochemischen Titrierverfahren von *G. Jander* und *K. F. Jahr.* 9., durchgesehene Auflage. 313 Seiten, 49 Figuren. 1961. (221/221 a)

Qualitative Analyse von *H. Hofmann* u. *G. Jander.* 308 Seiten, 5 Abbildungen. 1960. (247/247 a)

Thermochemie von *W. A. Roth †.* 2., verbesserte Auflage. 109 Seiten, 16 Figuren. 1952. (1057)

Stöchiometrische Aufgabensammlung von *W. Bahrdt †* und *R. Scheer.* Mit den Ergebnissen. 7., durchgesehene Auflage. 119 Seiten. 1960. (452)

Elektrochemie und ihre physikalisch-chemischen Grundlagen von *A. Dassler.* 2 Bände.
II: 178 Seiten, 17 Abbildungen. 1950. (253)

Technologie

Die Chemie der Kunststoffe von *K. Hamann,* unter Mitarbeit von *W. Funke* und *H. D. Hermann.* 143 Seiten. 1960. (1173)

Warenkunde von *K. Hassak* und *E. Beutel †.* 2 Bände.
I: Anorganische Waren sowie Kohle und Erdöl. 8. Auflage. Neubearbeitet von *A. Kutzelnigg.* 119 Seiten, 18 Figuren. 1958. (222)
II: Organische Waren. 8. Auflage. Vollständig neubearbeitet von *A. Kutzelnigg.* 157 Seiten, 32 Figuren. 1959. (223)

Die Fette und Öle von *Th. Klug.* 6., verbesserte Auflage. 143 Seiten. 1961. (335)

Die Seifenfabrikation von *K. Braun †.* 3., neubearbeitete und verbesserte Auflage von *Th. Klug.* 116 Seiten, 18 Abbildungen. 1953. (336)

Textilindustrie von *A. Blümcke.*
I: Spinnerei und Zwirnerei. 111 Seiten, 43 Abbildungen. 1954. (184)

Biologie

Einführung in die allgemeine Biologie und ihre philosophischen Grund- und Grenzfragen von *M. Hartmann.* 132 Seiten, 2 Abbildungen. 1956. (96)

Hormone von *G. Koller.* 2., neubearbeitete und erweiterte Auflage. 187 Seiten, 60 Abbildungen, 19 Tabellen. 1949. (1141)

Fortpflanzung im Tier- und Pflanzenreich von *J. Hämmerling.* 2., ergänzte Auflage. 135 Seiten, 101 Abbildungen. 1951. (1138)

Geschlecht und Geschlechtsbestimmung im Tier- und Pflanzenreich von *M. Hartmann.* 2., verbesserte Auflage. 116 Seiten, 61 Abbildungen, 7 Tabellen. 1951. (1127)

Symbiose der Tiere mit pflanzlichen Mikroorganismen von *P. Buchner.* 2., verbesserte und vermehrte Auflage. 130 Seiten, 121 Abbildungen. 1949. (1128)

Grundriß der Allgemeinen Mikrobiologie von *W.* u. *A. Schwartz.* 2 Bände. 2., verbesserte und ergänzte Auflage.
I: 147 Seiten, 25 Abbildungen. 1960. (1155)
II: 142 Seiten, 29 Abbildungen. 1961. (1157)

Botanik

Entwicklungsgeschichte des Pflanzenreiches von *H. Heil*. 2. Auflage. 138 Seiten, 94 Abbildungen, 1 Tabelle. 1950. (1137)

Morphologie der Pflanzen von *L. Geitler*. 3., umgearbeitete Auflage. 126 Seiten, 114 Abbildungen. 1953. (141)

Pflanzengeographie von *L. Diels †*. 5., völlig neubearbeitete Auflage von *F. Mattick*. 195 Seiten, 2 Karten. 1958. (389/389a)

Die Laubhölzer. Kurzgefaßte Beschreibung der in Mitteleuropa gedeihenden Laubbäume und Sträucher von *F. W. Neger †* und *E. Münch †*. 3., durchgesehene Auflage, herausgegeben von *B. Huber*. 143 Seiten, 63 Figuren, 7 Tabellen. 1950. (718)

Die Nadelhölzer (Koniferen) und übrigen Gymnospermen von *F. W. Neger †* und *E. Münch †*. 4. Auflage, durchgesehen und ergänzt von *B. Huber*. 140 Seiten, 75 Figuren, 4 Tabellen, 3 Karten. 1952. (355)

Pflanzenzüchtung von *H. Kuckuck*. 2 Bände.

I: Grundzüge der Pflanzenzüchtung. 3., völlig umgearbeitete und erweiterte Auflage. 132 Seiten, 22 Abbildungen. 1952. (1134)

II: Spezielle gartenbauliche Pflanzenzüchtung (Züchtung von Gemüse, Obst und Blumen). 178 Seiten, 27 Abbildungen. 1957. (1178/1178a)

Zoologie

Entwicklungsphysiologie der Tiere von *F. Seidel*. 2 Bände.

I: Ei und Furchung. 126 Seiten, 29 Abbildungen. 1953. (1162)

II: Körpergrundgestalt und Organbildung. 159 Seiten, 42 Abbildungen. 1953. (1163)

Das Tierreich

I: Einzeller, Protozoen von *E. Reichenow*. 115 Seiten, 59 Abbildungen. 1956. (444)

II: Schwämme und Hohltiere von *H. J. Hannemann*. 95 Seiten, 80 Abbildungen. 1956. (442)

III: Würmer. Platt-, Hohl-, Schnurwürmer, Kamptozoen, Ringelwürmer, Protracheaten, Bärtierchen, Zungenwürmer von *S. Jaeckel*. 114 Seiten, 36 Abbildungen. 1955. (439)

IV, 1: Krebse von *H. E. Gruner* und *K. Deckert*. 114 Seiten, 43 Abbildungen. 1956. (443)

IV, 2: Spinnentiere (Trilobitomorphen, Fühlerlose) und Tausendfüßler von *A. Kaestner*. 96 Seiten, 55 Abbildungen. 1955. (1161)

IV, 3: Insekten von *H. von Lengerken*. 128 Seiten, 58 Abbildungen. 1953. (594)

V: Weichtiere. Urmollusken, Schnecken, Muscheln und Kopffüßer von *S. Jaeckel*. 92 Seiten, 34 Abbildungen. 1954. (440)

VI: Stachelhäuter. Tentakulaten, Binnenatmer und Pfeilwürmer von *S. Jaeckel*. 100 Seiten, 46 Abbildungen. 1955. (441)

VII, 1: Manteltiere, Schädellose, Rundmäuler von *Th. Haltenorth*. In Vorbereitung. (448)

VII, 2: Fische von *D. Lüdemann*. 130 Seiten, 65 Abbildungen. 1955. (356)

VII, 3: Lurche (Chordatiere) von *K. Herter*. 143 S., 129 Abb. 1955. (847)

VII, 4: Kriechtiere (Chordatiere) von *K. Herter*. 200 Seiten, 142 Abbildungen. 1960. (447/447a)

VII, 5: Vögel (Chordatiere) von *H.-A. Freye*. 156 S., 69 Fig. 1960. (869)

VII, 6: Säugetiere (Chordatiere) von *Th. Haltenorth*. In Vorbereitung. (282)

Land- und Forstwirtschaft

Landwirtschaftliche Tierzucht. Die Züchtung und Haltung der landwirtschaftlichen Nutztiere von *H. Vogel*. 139 Seiten, 11 Abbildungen. 1952. (228)

Kulturtechnische Bodenverbesserungen von *O. Fauser*. 2 Bände. 5., verbesserte und vermehrte Auflage.
I: Allgemeines, Entwässerung. 127 Seiten, 49 Abbildungen. 1959. (691)
II: Bewässerung, Ödlandkultur, Flurbereinigung. 159 Seiten, 71 Abbildungen. 1961. (692)

Agrikulturchemie von *K. Scharrer*. 2 Bände.
I: Pflanzenernährung. 143 Seiten. 1953. (329)
II: Futtermittelkunde. 192 Seiten. 1956. (330/330 a)

Geologie, Mineralogie, Kristallographie

Geologie von *F. Lotze*. 2., verbesserte Auflage. 178 Seiten, 80 Abbildungen. 1961. (13)

Erzkunde von *H. von Philipsborn*. In Vorbereitung. (1207)

Mineral- und Erzlagerstättenkunde von *H. Huttenlocher* †. 2 Bände.
I: 2. Auflage. 128 Seiten, 34 Abbildungen. In Vorbereitung. (1014)
II: 156 Seiten, 48 Abbildungen. 1954. (1015/1015 a)

Allgemeine Mineralogie. 11., erweiterte Auflage der „Mineralogie" von *R. Brauns* †, bearbeitet von *K. F. Chudoba*. 120 Seiten, 120 Figuren, 1 Tafel, 3 Tabellen. 1962. Im Druck. (29/29 a)

Spezielle Mineralogie. 10., erweiterte Auflage der „Mineralogie" von *R. Brauns* †, bearbeitet von *K. F. Chudoba*. 170 Seiten, 125 Figuren, 4 Tabellen. 1959. (31/31 a)

Petrographie (Gesteinskunde) von *W. Bruhns* †. Neubearbeitet von *P. Ramdohr*. 5., erweiterte Auflage. 141 Seiten, 10 Figuren. 1960. (173)

Kristallographie von *W. Bruhns* †. 5. Auflage, neubearbeitet von *P. Ramdohr*. 109 Seiten, 164 Abbildungen. 1958. (210)

Einführung in die Kristalloptik von *E. Buchwald*. 4., verbesserte Auflage. 138 Seiten. 121 Figuren. 1952. (619)

Lötrohrprobierkunde. Mineraldiagnose mit Lötrohr- und Tüpfelreaktion von *M. Henglein*. 4., durchgesehene und erweiterte Auflage. 108 Seiten, 12 Figuren. 1962. (483)

Technik

Graphische Darstellung in Wissenschaft und Technik von *M. Pirani*. 3., erweiterte Auflage bearbeitet von *J. Fischer* unter Benutzung der von *I. Runge* besorgten 2. Auflage. 216 Seiten, 104 Abbildungen. 1957. (728/728 a)

Technische Tabellen und Formeln von *W. Müller*. 5., verbesserte und erweiterte Auflage von *E. Schulze*. 165 Seiten, 114 Abbildungen, 99 Tafeln. 1962. (579)

Grundlagen der Straßenverkehrstechnik. Theorie der Leistungsfähigkeit von *E. Engel*. 101 Seiten, 55 Abbildungen. 1962. (1198)

Elektrotechnik

Grundlagen der allgemeinen Elektrotechnik von *O. Mohr*. 2., durchgesehene Auflage. 260 Seiten, 136 Bilder, 14 Tafeln. 1961. (196/196 a)

Die Gleichstrommaschine von *K. Humburg*. 2 Bände. 2., durchgesehene Auflage.
I: 102 Seiten, 59 Abbildungen. 1956. (257)
II: 101 Seiten, 38 Abbildungen. 1956. (881)

Die Synchronmaschine von *W. Putz*. 92 Seiten, 64 Bilder. 1962. (1146)
Induktionsmaschinen von *F. Unger*. 2., erweiterte Auflage. 142 Seiten, 49 Abbildungen. 1954. (1140)
Die komplexe Berechnung von Wechselstromschaltungen von *H. H. Meinke*. 2. Auflage. 180 Seiten, 120 Abbildungen. 1957. (1156/1156a)
Theoretische Grundlagen zur Berechnung der Schaltgeräte von *F. Kesselring*. 3. Auflage. 144 Seiten, 92 Abbildungen. 1950. (711)
Einführung in die Technik selbsttätiger Regelungen von *W. zur Megede*. 2., durchgesehene Auflage. 180 Seiten, 86 Abbildungen. 1961. (714/714a)
Elektromotorische Antriebe (Grundlagen für die Berechnung) von *A. Schwaiger*. 3., neubearbeitete Auflage. 96 Seiten, 34 Abbildungen. 1952. (827)
Überspannungen und Überspannungsschutz von *G. Frühauf*. Durchgesehener Neudruck. 122 Seiten, 98 Abbildungen. 1950. (1132)
Transformatoren von *W. Schäfer*. 4., überarbeitete und ergänzte Auflage. 136 Seiten, 73 Abbildungen. 1962. (952)

Maschinenbau

Metallkunde von *H. Borchers*. 3 Bände.
I: Aufbau der Metalle und Legierungen. 5. Auflage. 120 Seiten, 90 Abbildungen, 2 Tabellen. 1962. (432)
II: Eigenschaften, Grundzüge der Form- und Zustandsgebung. 3. und 4. Auflage. 179 Seiten, 107 Abbildungen, 10 Tabellen. 1959. (433/433a)
III: Die metallkundlichen Untersuchungsmethoden von *E. Hanke* In Vorbereitung. (434)
Die Werkstoffe des Maschinenbaues von *A. Thum* † und *C. M. v. Meysenbug*. 2 Bände.
I: Einführung in die Werkstoffprüfung. 2., neubearbeitete Auflage. 100 Seiten, 7 Tabellen, 56 Abbildungen. 1956. (476)
II: Die Konstruktionswerkstoffe. 132 Seiten, 40 Abbildungen. 1959. (936)
Dynamik von *W. Müller*. 2 Bände. 2., verbesserte Auflage.
I: Dynamik des Einzelkörpers. 128 Seiten, 48 Figuren. 1952. (902)
II: Systeme von starren Körpern. 102 Seiten, 41 Figuren. 1952. (903)
Technische Schwingungslehre von *L. Zipperer*. 2 Bände. 2., neubearbeitete Auflage.
I: Allgemeine Schwingungsgleichungen, einfache Schwinger. 120 Seiten, 101 Abbildungen. 1953. (953)
II: Torsionsschwingungen in Maschinenanlagen. 102 Seiten, 59 Abbildungen. 1955. (961/961a)
Werkzeugmaschinen für Metallbearbeitung von *K. P. Matthes*. 2 Bände.
I: 100 Seiten, 27 Abbildungen, 11 Zahlentafeln, 1 Tafelanhang. 1954. (561)
II: Fertigungstechnische Grundlagen der neuzeitlichen Metallbearbeitung. 101 Seiten, 30 Abbildungen, 5 Tafeln. 1955. (562)
Das Maschinenzeichnen mit Einführung in das Konstruieren von *W. Tochtermann*. 2 Bände. 4. Auflage.
I: Das Maschinenzeichnen. 156 Seiten, 75 Tafeln. 1950. (589)
II: Ausgeführte Konstruktionsbeispiele. 130 Seiten, 58 Tafeln. 1950. (590)
Die Maschinenelemente von *E. A. vom Ende*. 4., überarbeitete Auflage. Etwa 166 Seiten 175 Figuren, 9 Tafeln. In Vorbereitung. (3/3a)

Die Maschinen der Eisenhüttenwerke von *L. Engel*. 156 Seiten, 95 Abbildungen. 1957. (583/583 a)

Walzwerke von *H. Sedlaczek* † unter Mitarbeit von *F. Fischer* und *M. Buch*. 232 Seiten, 157 Abbildungen. 1958. (580/580 a)

Getriebelehre von *P. Grodzinski* †. 2 Bände. 3., neubearbeitete Auflage von *G. Lechner*.
I: Geometrische Grundlagen. 164 Seiten, 131 Figuren. 1960. (1061)
II: Angewandte Getriebelehre. In Vorbereitung. (1062)

Kinematik von *H. R. Müller*. 1962. In Vorbereitung. (1206/1206 a)

Gießereitechnik von *H. Jungbluth*. 2 Bände.
I: Eisengießerei. 126 Seiten, 44 Abbildungen. 1951. (1159)

Die Dampfturbinen. Ihre Wirkungsweise, Berechnung und Konstruktion von *C. Zietemann*. 3 Bände. 3., verbesserte Auflage.
I: Theorie der Dampfturbinen. 139 Seiten, 48 Abbildungen. 1955. (274)
II: Die Berechnung der Dampfturbinen und die Konstruktion der Einzelteile. 132 Seiten, 111 Abbildungen. 1956. (715)
III: Die Regelung der Dampfturbinen, die Bauarten, Turbinen für Sonderzwecke, Kondensationsanlagen. 126 Seiten, 90 Abbildungen. 1956. (716)

Verbrennungsmotoren von *W. Endres*. 3 Bände.
I: Überblick. Motor-Brennstoffe. Verbrennung im Motor allgemein, im Otto- und Diesel-Motor. 153 Seiten, 57 Abbildungen. 1958. (1076/1076 a)
II: Die heutigen Typen der Verbrennungskraftmaschine. In Vorbereitung. (1184)
III: Die Einzelteile des Verbrennungsmotors. In Vorbereitung. (1185)

Autogenes Schweißen und Schneiden von *H. Niese*. 5. Auflage, neubearbeitet von *A. Küchler*. 136 Seiten, 71 Figuren. 1953. (499)

Die elektrischen Schweißverfahren von *H. Niese*. 2. Auflage, neubearbeitet von *H. Dienst*. 136 Seiten, 58 Abbildungen. 1955. (1020)

Die Hebezeuge. Entwurf von Winden und Kranen von *G. Tafel*. 2., verbesserte Auflage. 176 Seiten, 230 Figuren. 1954. (414/414 a)

Wasserbau

Wasserkraftanlagen von *A. Ludin* unter Mitarbeit von *W. Borkenstein*. 2 Bände.
I: Planung, Grundlagen und Grundzüge. 124 Seiten, 60 Abbildungen. 1955. (665)
II: Anordnung und Ausbildung der Hauptbauwerke. 184 Seiten, 91 Abbildungen. 1958. (666/666 a)

Verkehrswasserbau von *H. Dehnert*. 3 Bände.
I: Entwurfsgrundlagen, Flußregelungen. 103 Seiten, 52 Abbildungen. 1950. (585)
II: Flußkanalisierung und Schiffahrtskanäle. 94 Seiten, 60 Abbildungen. 1950. (597)
III: Schleusen und Hebewerke. 98 Seiten, 70 Abbildungen. 1950. (1152)

Wehr- und Stauanlagen von *H. Dehnert*. 134 Seiten, 90 Abbildungen. 1952. (965)

Talsperren von *F. Tölke*. 122 Seiten, 70 Abbildungen. 1953. (1044)

Hoch- und Tiefbau

Die wichtigsten Baustoffe des Hoch- und Tiefbaus von *O. Graf †*. 4., verbesserte Auflage. 131 Seiten, 63 Abbildungen. 1953. (984)

Baustoffverarbeitung und Baustellenprüfung des Betons von *A. Kleinlogel*. 2., neubearbeitete und erweiterte Auflage. 126 Seiten, 35 Abbildungen. 1951. (978)

Festigkeitslehre. 2 Bände.
I: Elastizität, Plastizität und Festigkeit der Baustoffe und Bauteile von *W. Gehler †* und *W. Herberg*. Durchgesehener und erweiterter Neudruck. 159 Seiten, 118 Abbildungen. 1952. (1144)
II: Formänderung, Platten, Stabilität und Bruchhypothesen von *W. Herberg* und *N. Dimitrov*. 187 Seiten, 94 Abbildungen. 1955. (1145/1145a)

Grundlagen des Stahlbetonbaus von *A. Troche*. 2., neubearbeitete und erweiterte Auflage. 208 Seiten, 75 Abbildungen, 17 Bemessungstafeln, 20 Rechenbeispiele. 1953. (1078)

Statik der Baukonstruktionen von *A. Teichmann*. 3 Bände.
I: Grundlagen. 101 Seiten, 51 Abbildungen, 8 Formeltafeln. 1956. (119)
II: Statisch bestimmte Stabwerke. 107 Seiten, 52 Abbildungen, 7 Tafeln. 1957. (120)
III: Statisch unbestimmte Systeme. 112 Seiten, 34 Abbildungen, 7 Formeltafeln. 1958. (122)

Fenster, Türen, Tore aus Holz und Metall. Eine Anleitung zu ihrer guten Gestaltung, wirtschaftlichen Bemessung und handwerksgerechten Konstruktion von *W. Wickop †*. 4., überarbeitete und ergänzte Auflage. 155 Seiten, 95 Abbildungen. 1955. (1092)

Heizung und Lüftung von *W. Körting*. 2 Bände. 9., neubearbeitete Auflage.
I: Das Wesen und die Berechnung der Heizungs- und Lüftungsanlagen. 172 Seiten, 29 Abbildungen, 36 Zahlentafeln. 1962. (342/342a)
II: Die Ausführung der Heizungs- und Lüftungsanlagen. 1962. In Vorbereitung. (343)

Industrielle Kraft- und Wärmewirtschaft von *F. A. F. Schmidt* und *A. Beckers*. 167 Seiten, 73 Abbildungen. 1957. (318/318a)

Vermessungswesen

Vermessungskunde von *P. Werkmeister*. 3 Bände.
I: Stückvermessung und Nivellieren. 11., verbesserte Auflage von *W. Grossmann*. 144 Seiten, 117 Figuren. 1962. (468)
II: Horizontalaufnahmen und ebene Rechnungen. 8., völlig neubearbeitete Auflage von *W. Grossmann*. 133 Seiten, 97 Figuren. 1959. (469)
III: Trigonometrische und barometrische Höhenmessung. Tachymetrie und Absteckungen. 7., völlig neubearbeitete Auflage von *W. Grossmann*. 136 Seiten, 97 Figuren. 1960. (862)

Kartographie von *V. Heissler*. Etwa 215 Seiten, 125 Abbildungen, 8 Kartenanlagen. 1962. (30/30a)

Photogrammetrie von *G. Lehmann*. 189 Seiten, 132 Abbildungen. 1959. (1188/1188a)

Sammlung Göschen / Bandnummernfolge

1 Langosch, Der Nibelunge Nôt
3/3a v. Ende, Maschinenelemente
10 Jiriczek-Wisniewski, Kudrun- und Dietrich-Epen
13 Lotze, Geologie
18 Maurer, Hartmann von Aue. Der arme Heinrich
19 Altheim, Römische Geschichte I
20 Hofstaetter, Dt. Sprachlehre
22 Maurer, Gottfried von Strassburg
29/29a Brauns-Chudoba, Allg. Mineralog.
30/30a Heissler, Kartographie
31/31a Brauns-Chudoba, Spez. Mineralogie
35 Treue, Dt. Geschichte von 1648 bis 1740
37/37a Klemm, Anorganische Chemie
38/38a Schlenk, Organische Chemie
39 Treue, Dt. Geschichte von 1713 bis 1806
42 Behn-Hoernes, Vorgesch. Europas
44/44a Kresze, Physikalische Methoden der organischen Chemie
47 Fischer-Rohrbach, Arithmetik
51/51a Ringleb, Mathem. Formelslg.
52 Bieler, Röm. Literaturgesch. I
59 Krahe, Indog. Sprachwiss. I
60 Biehle, Stimmkunde
61 Biehle, Redetechnik
64 Krahe, Indog. Sprachwiss. II
65/65a Grotemeyer, Analyt. Geomet.
66 Berneker-Vasmer, Russische Grammatik
70 Nestle-Liebich, Gesch. d. griech. Literatur I
71 Schulze, Allgemeine und physikalische Chemie I
76 Döring, Einf. i. d. th. Physik I
77 Döring, Einf. i. d. th. Physik II
78 Döring, Einf. i. d. th. Physik III
79/79a Hempel, Got. Elementarbuch
80 Weigert, Stilkunde I
81 Schubert-Haussner-Erlebach, Vierstell. Logarithmentafeln
86/86a Barner, Differential- u. Integralrechnung I
96 Hartmann, Einf. in die allgem. Biologie
99 Hessenberg-Kneser, Ebene und sphär. Trigonometrie
101 v. Wiese, Soziologie
103 Dahrendorf, Industrie- und Betriebssoziologie
104/104a Hofstätter, Sozialpsycholog.
111 Hoffmann-Debrunner, Gesch. der griechischen Sprache I
114 Debrunner, Gesch. der griechisch. Sprache II
117 Brandenstein, Griechische Sprachwissenschaft I
118/118a Brandenstein, Griechische Sprachwissenschaft II
119 Teichmann, Statik der Baukonstruktionen I
120 Teichmann, Statik der Baukonstruktionen II
122 Teichmann, Statik der Baukonstruktionen III
125 Vossler-Noyer-Weidner, Ital. Literaturgeschichte
128/128a Lausberg, Romanische Sprachwissenschaft I
136 Mahler, Physikal. Formelslg.
141 Geitler, Morphologie der Pflanzen
142 Haack, Darstellende Geometrie I
143 Haack, Darstellende Geometrie II
144 Haack, Darstellende Geometrie III
145 Weimer, Gesch. der Pädagogik
148 Kolms, Finanzwissenschaft I
156/156a Landmann, Philosophische Anthropologie
170 Oehlmann, Musik des 19. Jhs.
171/171a Oehlmann, Musik des 20. Jhs.
173 Bruhns-Ramdohr, Petrographie
174 Schlingloff, Religion des Buddhismus I
180 Böhm, Versicherungsmathem. I
184 Blümcke, Textilindustrie I
196/196a Mohr, Grundlagen der Elektrotechnik
200/200a Gottschald, Dt. Rechtschreibungswörterbuch
210 Bruhns-Ramdohr, Kristallogr.
220/220a Moser, Allg. Musiklehre
221/221a Jander-Jahr, Maßanalyse
222 Hassak-Beutel-Kutzelnigg, Warenkunde I
223 Hassak-Beutel-Kutzelnigg, Warenkunde II
226/226a Hofmann, Gesch. d. Mathematik I
228 Vogel, Landw. Tierzucht

231/231a Ehrlich, Geschichte Israels
238 Krahe, German. Sprachwiss. I
243 Mahler, Physikal. Aufgabenslg.
247/247a Hofmann-Jander, Qualitative Analyse
250 Lausberg, Romanische Sprachwissenschaft II
253 Dassler, Elektrochemie II
257 Humburg, Gleichstrommaschine I
264 Lockemann, Gesch. d. Chemie I
265/265a Lockemann, Geschichte der Chemie II
270 Kirn, Einführung in die Geschichtswissenschaft
274 Zietemann, Dampfturbinen I
279 Jacob-Hohenleutner, Quellenkde. der deutschen Geschichte I
280 Jacob-Hohenleutner, Quellenkde. der deutschen Geschichte II
281 Leisegang, Einführung in die Philosophie
282 Haltenorth, Säugetiere
284 Jacob-Weden, Quellenkunde der deutschen Geschichte III
318/318a Schmidt-Beckers, Industrielle Kraft- u. Wärmewirtschaft
319 Krug, Australien und Ozeanien
329 Scharrer, Agrikulturchemie I
330/330a Scharrer, Agrikulturchem. II
335 Klug, Fette und Öle
336 Braun-Klug, Seifenfabrikation
342/342a Körting, Heizung und Lüftung I
343 Körting, Heizung und Lüftung II
344 Moser, Musikästhetik
354/354a Valentiner-König, Vektoren und Matrizen
355 Neger-Münch-Huber, Nadelhölzer
356 Lüdemann, Fische
374 Döring, Einführung in die theoret. Physik IV
375 Preller, Geschichte Englands I
389/389a Diels-Mattick, Pflanzengeographie
391 Kolms, Finanzwissenschaft II
394/394a Schilling, Von der Renaissance bis Kant
414/414a Tafel, Hebezeuge
422 Gottschald, Dt. Personennamen
423 Adler-Erlebach, Fünfstellige Logarithmen
432 Borchers, Metallkunde I
433/433a Borchers, Metallkunde II
434 Borchers-Hanke, Metallkunde III
435 Burau, Algebr. Kurven u. Flächen I
436 Burau, Algebr. Kurven und Flächen II
439 Jaeckel, Würmer
440 Jaeckel, Weichtiere
441 Jaeckel, Stachelhäuter
442 Hannemann, Schwämme und Hohltiere
443 Gruner-Deckert, Krebse
444 Reichenow, Einzeller
445 Asmus, Physikal.-chem. Rechenaufgaben
447/447a Herter, Kriechtiere
448 Haltenorth, Manteltiere
452 Bahrdt-Scheer, Stöchiometrische Aufgabensammlung
468 Werkmeister-Grossmann, Vermessungskunde I
469 Werkmeister-Grossmann, Vermessungskunde II
476 Thum-Meysenbug, Die Werkstoffe des Maschinenbaues I
483 Henglein, Lötrohrprobierkunde
492 Stolz-Debrunner, Geschichte der latein. Sprache
499 Niese-Küchler, Autogenes Schweißen
500 Simmel, Hauptprobleme der Philosophie
536 Lehmann, Kant
538 Rumpf, Archäologie I
539 Rumpf, Archäologie II
557 Nestle-Liebich, Gesch. d. griech. Literatur II
561 Matthes, Werkzeugmaschinen I
562 Matthes, Werkzeugmaschinen II
564 Behn-Hoernes, Kultur der Urzeit I
565 Behn-Hoernes, Kultur d. Urzeit II
566 Behn-Hoernes, Kultur d. Urzeit III
571 Lehmann, Philosophie d. 19. Jh. I
576/576a Moser, Gesangskunst
579 Müller-Schulze, Techn. Tabellen
580/580a Sedlaczek-Fischer-Buch, Walzwerke
583/583a Engel, Maschinen der Eisenhüttenwerke
585 Dehnert, Verkehrswasserbau I
587 Kalitsunakis-Steinmetz, Neugriech.-dt. Gesprächsbuch
589 Tochtermann, Maschinenzeichnen I
590 Tochtermann, Masch.-Zeichnen II
594 v. Lengerken, Insekten
597 Dehnert, Verkehrswasserbau II

601 Mutschmann, Engl. Phonetik
619 Buchwald, Kristalloptik
665 Ludin-Borkenstein, Wasserkraftanlagen I
666/666a Ludin-Borkenstein, Wasserkraftanlagen II
668 Knopp, Funktionentheorie I
677 Altheim, Röm. Geschichte II
679 Altheim, Röm. Geschichte III
684 Altheim, Röm. Geschichte IV
691 Fauser, Kulturtechn. Bodenverbesserungen I
692 Fauser, Kulturtechn. Bodenverbesserungen II
698/698a Schulze, Allgemeine und physikalische Chemie II
703 Knopp, Funktionentheorie II
709 Lehmann, Philosophie d. 19. Jh. II
711 Kesselring, Berechnung der Schaltgeräte
714/714a zur Megede, Technik selbsttätiger Regelungen
715 Zietemann, Dampfturbinen II
716 Zietemann, Dampfturbinen III
718 Neger-Münch-Huber, Laubhölzer
728/728a Pirani-Fischer-Runge, Graph. Darstellg. in Wissensch. u. Technik
735 Ekwall, Historische neuengl. Laut- und Formenlehre
746/746a Pfanzagl, Allg. Methodenlehre der Statistik I
747/747a Pfanzagl, Allg. Methodenlehre der Statistik II
756/756a Kalitsunakis, Grammatik der Neugriechischen Volkssprache
763/763a Beer-Meyer, Hebräische Grammatik I
764/764a Beer-Meyer, Hebräische Grammatik II
768/768a Bieberbach, Einführung in die konforme Abbildung
769/769a Beer-Meyer, Hebr. Textbuch
776 Kolms, Finanzwissenschaft III
780 Krahe, German. Sprachwiss. II
781 Weigert, Stilkunde II
782 Kolms, Finanzwissenschaft IV
786 Schulze, Molekülbau
807 Kropp, Erkenntnistheorie
809 Moser, Harmonielehre I
826 Koch, Philosophie des Mittelalters
827 Schwaiger, Elektromotorische Antriebe
831 Erismann, Allg. Psychologie I
832/832a Erismann, Allg. Psychologie II
833/833a Erismann, Allg. Psychologie III
837 Baumgartner, Gruppentheorie
845 Lehmann, Philosophie im ersten Drittel des 20. Jahrhunderts I
847 Herter, Lurche
850 Lehmann, Philosophie im ersten Drittel des 20. Jahrhunderts II
851/851a Moede, Psychologie des Berufs- und Wirtschaftslebens
857 Capelle, Griech. Philosophie I
858 Capelle, Griech. Philosophie II
859 Capelle, Griech. Philosophie III
862 Werkmeister-Grossmann, Vermessungskunde III
863 Capelle, Griech. Philosophie IV
866 Bieler, Röm. Literaturgesch. II
869 Freye, Vögel
875 Hofmann, Geschichte der Mathematik II
877 Knopp, Aufgabensammlung zur Funktionentheorie I
878 Knopp, Aufgabensammlung zur Funktionentheorie II
881 Humburg, Gleichstrommasch. II
882 Hofmann, Gesch. d. Mathematik III
883 Stuloff, Mathematik der neuesten Zeit
893 Treue, Dt. Geschichte von 1806 bis 1890
894 Treue, Dt. Geschichte von 1890 bis zur Gegenwart
902 Müller, Dynamik I
903 Müller, Dynamik II
910 Jaeger, Afrika I
911 Jaeger, Afrika II
915 Sperber-Fleischhauer, Geschichte der Deutschen Sprache
917/917a Böhm, Versicherungsmathematik II
920 Hoheisel, Gewöhnliche Differentialgleichungen
921 Jantzen-Kolb, W. v. Eschenbach. Parzival
929 Schirmer-Mitzka, Dt. Wortkunde
930 Krull, Elementare und klassische Algebra I
931 Hasse, Höhere Algebra I
932 Hasse, Höhere Algebra II
933 Krull, Elementare und klassische Algebra II

936 Thum-Meysenbug, Werkstoffe des Maschinenbaues II
952 Schäfer, Transformatoren
953 Zipperer, Techn. Schwingungsl. I
961/961a Zipperer, Techn. Schwingungslehre II
965 Dehnert, Wehr- und Stauanlagen
970 Baldus-Löbell, Nichteuklidische Geometrie
978 Kleinlogel, Baustoffverarbeitung und Baustellenprüfung d. Betons
984 Graf, Baustoffe des Hoch- und Tiefbaues
999/999a Kamke, Mengenlehre
1000 Jaspers, Geistige Situat. der Zeit
1003 Hoheisel, Partielle Differentialgl.
1008/1008a Mellerowicz, Allgemeine Betriebswirtschaftslehre I
1009 Bechert-Gerthsen-Flammersfeld, Atomphysik I
1014 Huttenlocher, Mineral- und Erzlagerstättenkunde I
1015/1015a Huttenlocher, Mineral- u. Erzlagerstättenkunde II
1017 Döring, Einführung in die theoret. Physik V
1020 Niese-Dienst, Elektrische Schweißverfahren
1031/1031a Apel-Ludz, Philosophisches Wörterbuch
1033 Bechert-Gerthsen, Atomphys. II
1034 Kranefeldt-Jung, Therapeutische Psychologie
1035 Altheim, Röm. Religionsgeschichte I
1039 Dovifat, Zeitungslehre I
1040 Dovifat, Zeitungslehre II
1044 Tölke, Talsperren
1045 Schubert, Technik des Klavierspiels
1051/1051a Stolberg-Wernigerode, Gesch. d. Verein. Staaten
1052 Altheim, Röm. Religionsgesch. II
1057 Roth, Thermochemie
1059 Hoheisel, Aufgabenslg. z. d. gew. u. part. Differentialgl.
1061 Grodzinski-Lechner, Getriebel. I
1062 Grodzinski-Lechner, Getriebel. II
1065 Haller-Dannenbauer, Von den Karolingern zu den Staufern
1070 Sauter, Differentialgleichungen der Physik
1074 Koschmieder, Variationsrechnung I
1076/1076a Endres, Verbrennungsmotoren I
1077 Haller-Dannenbauer, Von den Staufern zu den Habsburgern
1078 Troche, Stahlbetonbau
1082 Hasse-Klobe, Aufgabensammlung zur höheren Algebra
1085 Lietzmann-Aland, Zeitrechnung
1086 Müller, Dt. Dichten u. Denken
1088 Preller, Gesch. Englands II
1092 Wickop, Fenster, Türen, Tore
1094 Hernried, System. Modulation
1096 Viëtor, Dt. Dichten und Denken
1099 Hoheisel, Integralgleichungen
1105 Hartung, Dt. Geschichte im Zeitalter der Reformation
1108 de Boor-Wisniewski, Mittelhochdeutsche Grammatik
1109 Knopp, Elemente der Funktionentheorie
1111 Betz, Althochdt. Elementarbuch
1113/1113a Strubecker, Differentialgeometrie I
1114 Schubel, Engl. Literaturgesch. I
1115 Ranke, Altnord. Elementarb.
1116 Schubel, Engl. Literaturgesch. II
1117 Haller-Dannenbauer, Eintritt der Germanen in die Geschichte
1121 Naumann, Dt. Dichten u. Denken
1122 Feist, Sprechen u. Sprachpflege
1123/1123a Bechert-Gerthsen, Atomphysik III
1124 Schubel, Engl. Literaturgesch. III
1125 Lehnert, Altengl. Elementarbuch
1127 Hartmann, Geschlecht und Geschlechtsbestimmung im Tier- und Pflanzenreich
1128 Buchner, Symbiose der Tiere
1130 Dibelius-Kümmel, Jesus
1131 Scholz-Schöneberg, Einführung in die Zahlentheorie
1132 Frühauf, Überspannungen
1134 Kuckuck, Pflanzenzüchtung I
1135 Lehnert, Beowulf
1137 Heil, Entwicklungsgeschichte des Pflanzenreiches
1138 Hämmerling, Fortpflanzung im Tier- und Pflanzenreich
1140 Unger, Induktionsmaschinen
1141 Koller, Hormone
1142 Meissner-Lehnert, Shakespeare
1144 Gehler-Herberg, Festigkeitslehre I
1145/1145a Herberg-Dimitrov, Festigkeitslehre II

1146 Putz, Synchronmaschine
1147 v. Waltershausen, Kunst des Dirigierens
1148 Pepping, Der polyphone Satz I
1152 Dehnert, Verkehrswasserbau III
1153/1153a Mellerowicz, Allgemeine Betriebswirtschaftslehre II
1154/1154a Mellerowicz, Allgemeine Betriebswirtschaftslehre III
1155 Schwartz, Mikrobiologie I
1156/1156a Meinke, Komplexe Berechn. v. Wechselstromschalt.
1157 Schwartz, Mikrobiologie II
1158 Mayrhofer, Sanskrit-Grammatik
1159 Jungbluth, Gießereitechnik I
1160 Dibelius-Kümmel, Paulus
1161 Kaestner, Spinnentiere
1162 Seidel, Entwicklungsphysiologie der Tiere I
1163 Seidel, Entwicklungsphysiologie der Tiere II
1164/1164a Pepping, Der polyphone Satz II
1165/1165a Bechert-Gerthsen, Atomphysik IV
1169 Paulsen, Allgemeine Volkswirtschaftslehre I
1170 Paulsen, II
1171 Paulsen, III
1172 Paulsen, IV
1173 Hamann-Funke-Hermann, Chemie der Kunststoffe
1176/1176a Lorenzen, Formale Logik
1178/1178a Kuckuck, Pflanzenzüchtung II
1179/1179a Strubecker, Differentialgeometrie II
1180/1180a Strubecker, Differentialgeometrie III
1181 Franz, Topologie I
1183/1183a Nicolas, Finanzmathem.
1184 Endres, Verbrennungsmot. II
1185 Endres, Verbrennungsmot. III
1186/1186a Mellerowicz, Allgemeine Betriebswirtschaftslehre IV
1187 Lau, Luther
1188/1188a Lehmann, Photogramm.
1189/1189a Päsler, Mechanik
1190 Stupperich, Melanchthon
1191/1191a Bräuer, Slav. Sprachwissenschaft I
1193 Fürstenberg, Wirtschaftssoziologie
1194 Wendt, Gesch. d. Volkswirtschaftslehre
1195 Ohm, Allgem. Volkswirtschaftspolitik I
1196 Ohm, II
1197/1197a Onasch, Einf. in die Konfessionskunde der orthod. Kirchen
1198 Engel, Straßenverkehrstechnik
1199/1199a Lausberg, Romanische Sprachwissenschaft III
1200 Lausberg, Romanische Sprachwissenschaft IV
1201/1201a Dehn, Versuche zur allgem. u. phys. Chemie
1202/1202a Nagel, Gesch. des christl. Gottesdienstes
1204 Scheurig, Zeitgeschichte
1205/1205a Hofmann, Ideengesch. d. soz. Bewegung
1206/1206a Müller, Kinematik
1207 Philipsborn, Erzkunde

Autorenregister

100. X. /62

MIX
Papier | Fördert gute Waldnutzung
FSC® C083411

Zeitfracht Medien GmbH
Ferdinand-Jühlke-Straße 7
99095 Erfurt, Deutschland
produktsicherheit@kolibri360.de